U0036935

D M
Deep Mind
Deepen Your Mind

Deepen Your Mind

前言

為什麼要寫這本書

本書是改編 2021 iThome 鐵人賽《Tailwind CSS - 從零開始》系列文章，從事平面設計多年，從網頁切版進入前端的世界，對於使用者介面與體驗息息相關的前端工程師，介面的設計規劃除了手刻能力要講究，在專案時程很趕的時候就會需要使用到框架來快速建構網頁畫面。而 2019 年崛起的 Tailwind CSS 打破過往 CSS 框架的思維，只需要考慮樣式優先的撰寫方式，在開發上省去很多不必要的困擾，例如：每個標籤使用的類別名稱，光是想這個就會燒腦到不行，如果是自己開發那就算了，但如果是多人開發的專案，命名就變成一種學問。網路有個笑話是這樣說的：「命名自己的孩子只要考慮自己喜不喜歡，但程式開發命名需要在意別人喜不喜歡。」

在開發上也經過想命名的這個階段，雖然到現在開發一些專案依然需要去想這些東西，但在開發經驗累積下，大概命名也就那些規則（笑），不過最令人痛苦的就是多層次的表單或是階層式的畫面，命名名稱會越來越長。當我開始使用 Tailwind CSS 時候，令我驚艷，因為我只需要專注我現在要給這些列表的背景顏色、邊框顏色、文字顏色、按鈕需不需要滑鼠經過有效果，或是排版要怎麼安排，我只需要從功能去發想，不需要先去想命名，這在開發上省下相當多的時間，雖然一開始的類別名稱會非常的長，會有點不習慣，甚至開發到一個程度後，會覺得整頁 template 非常凌亂，但這都是後面才要擔心的事情。

Tailwind CSS 官方文件說明非常完整，而本書會著重在我實際開發時的心得與情境，帶您從零開始，入門核心觀念、實作小功能介面到呈現一個基本頁面的響應式網頁，後續也會使用 jQuery 與 Vue.JS 為範例作為框架引入 Tailwind CSS 實際開發案例，完成一個靜態網頁。雖然會使用 Vue.JS 作為範例，但本書不會說明 webpack 的運作方式，部分頁面若有 JavaScript 語法僅作為範例所需要的呈現，不會做太詳細的說明，也不會完整導覽官方文件所說的所有內容。

感謝 iThome 鐵人賽讓我可以透過此平台呈現這次的系列文進而改編成冊，感謝深智數位的肯定與賞識邀稿出版，在二寶待產當天接到邀請通知，並在診所討論撰稿事宜，並耐心包容我這個手忙腳亂的二寶爸生活，晚上還協助我處理校稿事宜，感謝布魯斯前端的 Tailwind CSS 的線上課程成為這次系列的啟發，感謝太太這段轉職之路不離不棄的陪伴與支持，最後感謝上帝的恩典，讓我有這個機會將所學變成書籍可以讓想學這門技術的朋友能夠少走點冤枉路。

看到這裡，以上提及本書內容您還有興趣，就一起來學習新世代的 CSS 框架吧！

推薦序 1

在中大型網站應用程式的 CSS 團隊協作上，如果開發前期沒有訂定良好規範，就容易一發不可收拾，搭造出「世界奇觀」才後悔莫及。

而 Tailwind 的 Utility-First 命名設計概念，也讓開發者從早期傳統的「語意式命名」，以及近幾年 Bootstrap 的「元件化設計」中殺出了一條血路。

讓開發者能夠專注於樣式的呈現，再也不用煩惱團隊間的 class 命名規範而傷透腦筋。也因此拓寬前端開發者的視野。

這本書除了詳細講解 Tailwind 技術外，更棒的是還分享許多切版範例題目，最後面還顧及開發者的程度，貼心提供 jQuery 與 Vue CLI 的技術整合範例。充分看出作者不希望你單純「看」這本書，而是「真的動手做」，才能將技術變成自己的東西。

如果你 / 妳寫 CSS 一陣子，但覺得底子都沒有打得很好，這本書也有顧及到新手，講解從傳統 CSS 遇到的痛點，補足不熟的知識點後，再帶著你接軌學習 Tailwind。

假使您想學目前最為流行的 Tailwind，這裡五星吹捧推薦這本書給您。透過本書作者的一步步引導，成為更專業的前端開發者！

六角學院創辦人兼校長 – 廖洧杰

推薦序 2

前端是個學無止盡，永遠無法學完的一天，很多時候我們站在巨人的肩膀上，可以看得更多更遠，不需要自己一直重複的造輪子，可以省下更多的時間，這些都是在前端領域所需要且了解的基本觀念。

早期是個重視手刻的年代，什麼東西都要手刻過才算是懂 CSS，近期慢慢轉變為使用 CSS 框架，甚至多到有選擇障礙，這些框架不外乎就是要提升開發效率，在這個什麼都漲的年代，如果動作比別人快，就能創造出更多機會。

Tailwind CSS 正是如此，懂得如何應用在專案上，能夠更有效率且快速地完成任務，這幾年 CSS 框架如雨後春筍般的一直冒出來，從最早期的 Bootstrap 一直到目前最流行的 Tailwind，無一都是想要解決我們開發上所遇到的問題。

我推薦許智庭這本「Tailwind CSS 3.0 從零開始 – 入門到實戰」除了官網的文件外，他用自身經驗，融合了實作上會遇到的一些問題，也算是某種程度上的經驗談，手把手的方式帶領讀者能更順利達成實作，非常適合新手或考慮轉到 Tailwind CSS 的開發者閱讀。

最後感謝作者的邀請這也算是我第一次寫推薦序，也算是成就達成。

熱愛 JavaScript 知名直播主 – ***Tommy***

本書使用的版本

在接到這本書撰寫的邀請時，還是 V2.2 的版本，但此時官方也公布 V3.0 已經進入 alpha 版本，就覺得可能不久 V3.0 就會問世，果然在正要開始寫這本書時，官方就正式推出 V3.0 了，所以原本規劃的內容就重新打掉，在研究官方文件有什麼新功能，希望可以透過本書讓前端開發者可以再使用 Tailwind CSS 的時候更容易與減少在官方文件找答案的時間。

什麼人適合看這本書

需會基礎 CSS 切版能力的網頁設計師或是前端工程師，並要有響應式網站的經驗會更快上手，如果您是剛學習網頁設計或是前端技術的朋友，建議先把基本功練好，不然對於使用的類別名稱可能會一頭霧水喔！如果您是從 Bootstrap 的轉戰過來的朋友，會覺得有點熟悉又陌生，因為類別可能很類似，但開發起來會點卡手，但沒關係，我一開始也是滿卡的，但卡個幾天就愛不釋手。

目錄

01 關於 Tailwind CSS

02 開始吧！ Get Started!

03 Tailwind CSS 核心知識

04 JIT 模式 (Just In Time Mode) 介紹

05 Dark Mode 深色模式

06 PostCSS

07 小試身手－用 Tailwind CSS 實作切版

08 開發實作

09 Tailwind CSS 發展與未來

01 關於 Tailwind CSS

1.1 什麼是 Tailwind CSS ?

2019 年竄起的 CSS 框架，有別於老牌 Bootstrap、Angular Material... 等以元件構成的框架，是一套純粹以 Utility-First CSS，用許多的 class 就可以構成畫面，非常適合快速切版，並且因高彈性的關係，可以達到客製化的效果。

這邊看到一個關鍵詞，什麼是 Utility-First CSS，中文比較好的翻譯是「功能優先」，何謂功能優先？

1.2 關於功能優先 Utility-First CSS

說到 Utility-First CSS，先回過頭介紹一般常見的 CSS framework，對於大家熟悉的 Bootstrap、Material UI... 等，把 Component 都定義好，想要什麼樣式就抓來用，湊起來就可以完成一個網站的 framework 不陌生。

從最小的按鈕，到區塊類型的輪播元件，甚至大型的表格元件，都可以透過元件引用的方式完成，實在是非常方便，當然其中的樣式與設定都是相依在這些框架的核心程式碼當中。

不過，使用這些 framework 就會遇到一個問題，會聽到一些客戶說：「你的網站看起來好 Bootstrap 喔！」這就算了，因為已經定義好元件的內容，當要客製化的時候，後續會遇到維護的麻煩與困擾。

功能優先一開始開發會覺得很在寫 inline-style，也就是會像這樣的方式撰寫。

★ 你知道的 inline-style

```
<button style="background-color: red; color: #fff;">inline-style</button>
```

▲ 程 1-1

★Tailwind CSS 的寫法

```
<button class="bg-red-500 text-white">inline-style</button>
```

▲ 程 1-2

看起來好像很像，卻又哪裡不一樣？

兩者雖然都是把按鈕底色變為紅色，文字為白色，可以看到 Tailwind CSS 已經透過功能優先的方式，把既定的樣式建立好，也就是說在開發的時候不必像傳統寫 CSS 一樣去打很多的屬性，Tailwind CSS 已經幫我們包裝好，變得像功能化一樣，讓工程師可以更專心在開發時寫上想要的樣式。箇中好用的內容會在後面的篇幅有更詳盡的介紹。

1.3 使用 Tailwind CSS 可減少以下困擾

1.3.1 最不好的方式：覆蓋 CSS

使用定義好的框架相對要做到客製化會比較麻煩，網路上找到的套件功能要去修改樣式也相對麻煩，畢竟一開始的概念都是讓開發者可以直接使用，所以樣式都會寫好並且相依在套件的底層程式碼中，如果需要此功能，但又需要符合專案或客戶的需求，只好用各種覆蓋的方式去改動 CSS，最快的方法就是直接使用權重大魔王 !important，如果沒事就沒事，改完後續又要修改，就還需要花很多時間去找原本框架或套件定義的 CSS 寫在哪裡。但這種方式又很容易把東西改壞。

1.3.2 下載定義好的程式碼

有些框架有提供自訂義的彈性，可以把相對的地方修改後再把程式碼下載到本地端，一開始看起來會覺得這樣的方式似乎就解決前者的困擾，如果這份專案都是由同一個人維護大概沒什麼太大的問題。但實際開發一定遇到多人協作同一份專案，或是專案交給其他人接手，甚至是完全沒碰過這個專案的同事時，可能會發現同事怎麼改個程式碼，拳頭越來越硬了呢？因為根本不知道哪些地方被改動了，光是維護初期就會浪費非常多的時間。

1.3.3 引入後再覆寫 Sass

這是比較好的情況，可以引入框架的 Sass，但又覆寫部分的 Sass 變數，可以調整設定，也比較不容易造成後續管理以及維護的問題，Bootstrap 就是這樣。可是，如果框架已經把 UI 都定義好了，可以調整的範圍就會受到不少限制，但這些限制就會把把時間花費在找東西上面，而不是在開發上了。

1.3.4 Class 的命名

相信在一開始學習 CSS 的時候，會鼓勵使用「語意化命名」的方式做開發，為的就是讓整個畫面可以看到樣式名稱就可以知道這一個區塊是「卡片」還是「按鈕群組」，在實戰開發除了 debug，最燒腦的大概就是想命名了吧！如果頁面單純架構不複雜，建構的區塊較少，可能語意化命名不太會影響開發效率，但是開發後台專案會有很多表格，或是頁面內容一多，語意化命名就會變成一種困擾，因為要直觀馬上知道這個區塊在做什麼，讓未來一個月的自己如果是自己繼續維護專案的時候也就算了，自己寫的自己處理，如果是同事接手維護時，眼角餘光發現同事的拳頭怎麼越變越硬，那可能就不是件好事了 (燦笑)。

```
<div class="card">
  <div class="card-body">
    <h5 class="card-title">今晚明晨</h5>
    <p>陰天</p>
    <p>19-23 度</p>
    <p>降雨機率：25%</p>
  </div>
</div>
```

▲ 程 1-3

以上困擾，在使用 Utility-First CSS 開發的時候，幾乎不會遇到，因所有的功能都是使用 class 建構出來的畫面，所以要更動相對容易與方便，每個元件都是自己刻出來的，哪裡不滿意、不符需求，都可以在 Utility class 增減中完成，是相當具有彈性的，並且少了擾人的語意化命名發想的時間，在切版開發上會增加很多效率。如果上方樣式使用 Utility-First CSS 開發的話會像下方圖片這樣。

```
<div class="w-14 shadow-md rounded-md">
  <div class=" px-4 bg-gray-200">
    <h5 class="text-lg text-blue-700 flex justify-center items-center">今晚明晨</h5>
    <p>陰天</p>
    <p>19-23 度</p>
    <p>降雨機率：25%</p>
  </div>
</div>
```

▲ 程 1-4

看到這邊會說，可是整個 template 看起來很髒啊！可讀性變好低，但其實仔細看有發現，幾乎不用去想命名，只要想這個區塊我想要變成什麼樣子，之後會再把重複的名稱群組化，更可以把重複的功能變成元件化，減少其他頁面重工的狀況，後面的章節會有更詳細的介紹使用情境與案例。

1.4 Tailwind CSS VS Bootstrap

既然是 CSS 框架，不免俗一定會好奇資深 Bootstrap 與新銳 Tailwind CSS 的幾個問題？畢竟 Bootstrap 已經在切版界占了很重要的席位。從「CSS 趨勢網站 2020 」[註 1] 可以看到自從 Tailwind CSS 崛起後，使用 Bootstrap 的開發者有減少的趨勢，到 2021 年更是有明顯的減少，當然不完全都跳槽到 Tailwind CSS，但確實有影響。另外從 CSS 趨勢圖可以看到 2019 與 2020 有超過八成的開發者選擇使用 Tailwind CSS。(如圖 1-1)

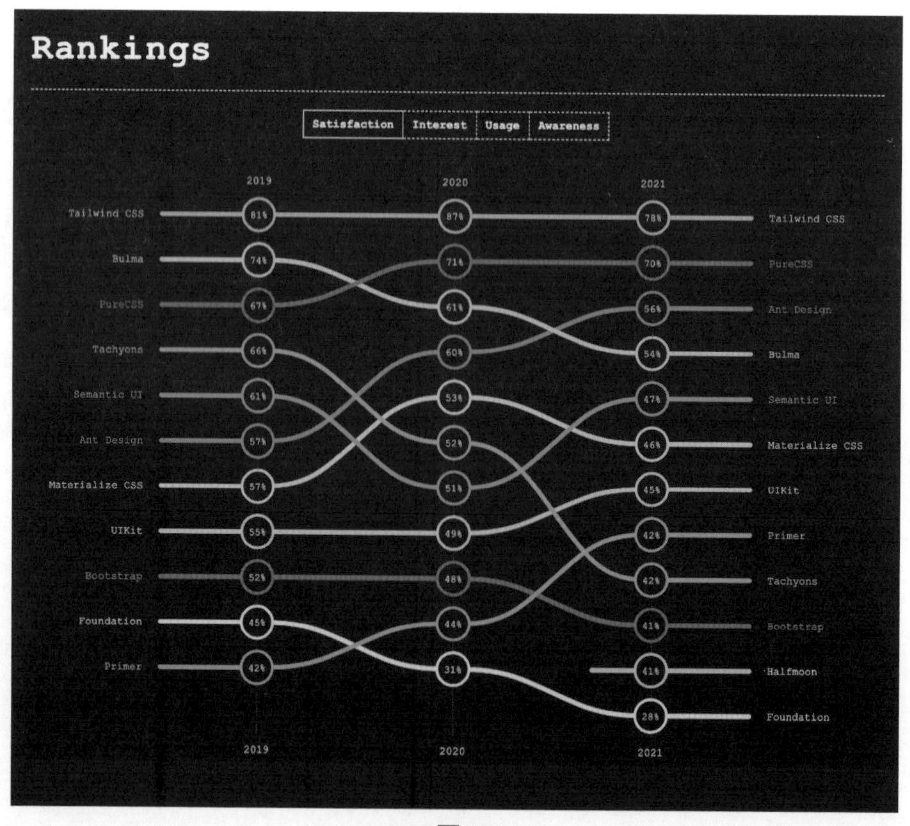

▲ 圖 1-1

然而兩框架還是有共同的特點，都是手機優先的 CSS 框架，手機斷點也差不多。

Bootstrap 預設的斷點 [註 2]，

Breakpoint	Class infix	Dimensions
X-Small	*None*	<576px
Small	sm	≥576px
Medium	md	≥768px
Large	lg	≥992px
Extra large	xl	≥1200px
Extra extra large	xxl	≥1400px

▲ 圖 1-2

Tailwind CSS 預設的斷點 [註 3]

Breakpoint prefix	Minimum width	CSS
`sm`	640px	`@media (min-width: 640px) { ... }`
`md`	768px	`@media (min-width: 768px) { ... }`
`lg`	1024px	`@media (min-width: 1024px) { ... }`
`xl`	1280px	`@media (min-width: 1280px) { ... }`
`2xl`	1536px	`@media (min-width: 1536px) { ... }`

▲ 圖 1-3

[註 1]：The State of CSS 2021 https://2021.stateofcss.com/en-US/technologies/css-frameworks

[註 2]：Bootstrap 5 https://tailwindcss.com/docs/responsive-design

[註 3]：Tailwind CSS https://tailwindcss.com/docs/responsive-design

有一點不同的是，Tailwind CSS 是只有單一斷點的框架，也就是只有從 min-width 開始，不需要考慮 max-width 的屬性，這個好處非常直覺，直接從手機版開始切，想要往螢幕解析度更高的裝置，只需要單一思路去考量即可，省略傳統開發斷點的困擾。

可能講到這邊還是有一點模糊，就來帶個斷點範例。

下方範例很明顯會看到當使用的裝置在 414px 到 768px 之間，其整個瀏覽器背景色會是淺藍色，又在 768px 到 1080px 的時候背景色改成黃色。

```
@media screen (min-width: 414px) and (max-width: 768px) {
  body {
    background-color: lightblue;
  }
}

@media screen (min-width: 768px) and (max-width: 1080px) {
  body {
    background-color: yellow;
  }
}
```

▲ 程 1-5

傳統寫法不會太困難，但可讀性就會比較低一點，並且如果頁面複雜度變高，在修改樣式上就會變得越來越棘手。

用改成 Tailwind CSS 就可以這樣寫，並且不用寫任何一行 CSS。

```
<body class="bg-blue-400 md:bg-yellow-300">
  ...
</body>
```

▲ 程 1-6

寫到這邊是不是覺得應該要用 Tailwind CSS 來開發呢！

除了以上共同特性外，兩框架都使用 Flexbox 跟 Grid 的概念，後面會有更詳盡的介紹。

1.5 淺談 Flexbox 與 Grid

1.5.1 Flexbox

不管是網頁設計師或是前端工程師在切板時一定都有使用過 Flexbox 與 Grid 其中一個切版聖品做為開發工具，Flexbox 如其名為「彈性盒子」，此盒模型讓切版變得非常容易，當 Flexbox 還沒出現前，還在 float 要向左還是向右外，還得將其特性清除，不然會影響排版的困擾（沒有要不學 float 屬性，畢竟如果遇到 IE 專案還是有可能會用到的），而 Flexbox 延伸許多屬性用來對齊，非常方便，像是置中對齊的 justify-content、align-items 都是不可或缺的屬性。另外 Flexbox 有主軸起訖點、尺寸與交錯軸起訖點與尺寸的特性，依照這些特性可以更快速地完成網頁佈局的規劃，提升開發效率。

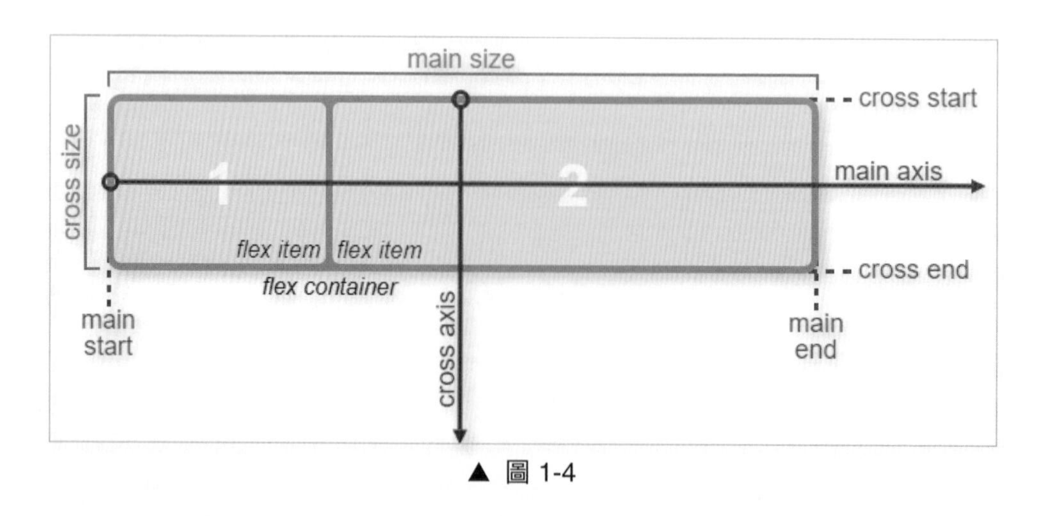

▲ 圖 1-4

如果手刻想要做一個方形裡面的文字置中對齊的話，CSS 程式碼會如程 1-7 所示。

```
.box {
  width: 100px;
  height: 100px;
  background-color: yellow;
  display: flex;
  justify-content: center;
  align-items: center;
}

.box p {
  color: #000;
}
```

▲ 程 1-7

若用 Tailwind CSS 會變這樣寫，

```
<div class="w-[100px] h-[100px] bg-yellow-300 flex justify-center items-center">
  <p class="text-gray-300">text</p>
</div>
```

▲ 程 1-8

可以發現如果使用 Tailwind CSS 來寫，雖然寫的內容跟在 CSS 檔案中的內容幾乎一樣，而且 class 名稱還變得更冗長，但我完全不用寫任何一行 CSS，就可以完成想要的樣式，專注在想要的樣式上外，還省去要想這個部分的命名，這就是 Utility-First 的魅力。到這邊應該會注意到一點，範例的寬度跟高度的寫法似乎沒見過，這邊使用 JIT 的特性，後續會有更詳細的介紹。

1.5.2 Grid

與 Flexbox 類似，是屬於容器型的屬性，Flexbox 是屬於外部容器，可以想像是一個盒子，Grid 是屬於內部容器，可以想像是盒子裡面的隔板。

Grid 網格系統從 Can I use 的網站 [註 4] 中可以看到在目前主流瀏覽器已經全面支援，也是相當好用的一個切版聖品，非常值得使用的屬性。

IE	Edge *	Firefox	Chrome	Safari	Opera	Safari on iOS *	Opera Mini *	Android Browser *	Opera Mobile *	Chrome for Android	Firefox for Android	Browser for Android	Samsung Internet	QQ Browser	Baidu Browser	KaiOS Browser
		2-39	4-28													
		40-51	29-56		10-27											
6-9	12-15	52-53	57	3.1-10	28-43	3.2-10.2							4-5.4			
10	16-95	54-94	58-95	10.1-15.1	44-81	10.3-15.1		2.1-4.4.4	12-12.1				6.2-14.0			
11	96	95	96	15.2	82	15.2	all	96	64	96	94	12.12	15.0	10.4	7.12	2.5
		96-97	97-99	TP												

▲ 圖 1-5

[註 4]：Can I use https://caniuse.com/

在開方人員工具中 element.style 中打上 display: grid，會出現以下兩個選項：

```
.container {
  display: grid | inline-grid;
}
```

▲ 程 1-9

看完下方兩個屬性，大概可以簡單理解 Grid 的特性。

grid-template-columns, grid-template-rows

column 為列，row 為排，相信有開發經驗都會知道這兩個名詞，而 Grid 透過 grid-template 的屬性來定義版面的結構，再透過 row 以及 column 去定義橫排與直列的格線，自由建構出想要的構圖。因為是使用格線的方式有系統的建構畫面，也被稱為格線系統。

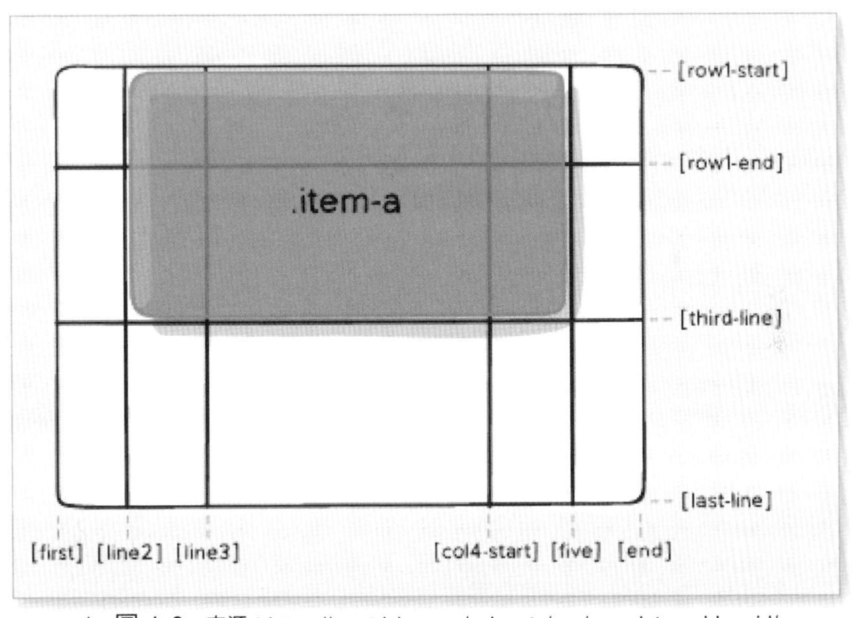

▲ 圖 1-6　來源：https://css-tricks.com/snippets/css/complete-guide-grid/

在簡單了解 Grid 後，在 Tailwind CSS 中可以這樣使用格線系統來建立畫面架構。

說明：

要使用 Grid 系統一開始要帶 grid 的 class，後面再繼續帶要使用的屬性，以下範例橫排有四個，直排的話是使用 grid-flow-col [註5] 自動斷列，並且間格有四格。

[註 5] grid-flow-col 等同於 grid-auto-flow:column

```
<div class="w-[800px] mt-5">
  <div class="grid grid-rows-4 grid-flow-col gap-4">
    <div class="bg-yellow-300 rounded-sm px-4 py-2 m-2">01</div>
    <div class="bg-yellow-300 rounded-sm px-4 py-2 m-2">02</div>
    <div class="bg-yellow-300 rounded-sm px-4 py-2 m-2">03</div>
    <div class="bg-yellow-300 rounded-sm px-4 py-2 m-2">04</div>
    <div class="bg-yellow-300 rounded-sm px-4 py-2 m-2">05</div>
    <div class="bg-yellow-300 rounded-sm px-4 py-2 m-2">06</div>
    <div class="bg-yellow-300 rounded-sm px-4 py-2 m-2">07</div>
    <div class="bg-yellow-300 rounded-sm px-4 py-2 m-2">08</div>
    <div class="bg-yellow-300 rounded-sm px-4 py-2 m-2">09</div>
  </div>
</div>
```

▲ 程 1-10

所呈現的畫面如下。

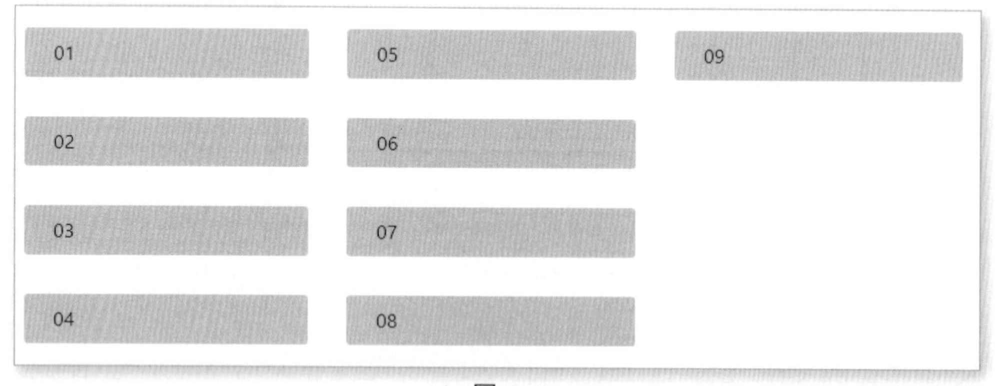

▲ 圖 1-17

寫法跟傳統的 CSS 很類似，但透過 Tailwind CSS 的樣式來寫就更直覺了，至於要用 Flexbox 還是 Grid，就見仁見智，上手好用即可。

02 開始吧！
Get Started!

2.1 起手式：作業環境與安裝

2.1.1 使用 CDN 匯入

通常想嘗鮮一個新框架，我都會先使用 CDN 試一下水溫，在 v2.2 版本也可以在 link 匯入 CDN ，但此版本限制滿多的，但在 v3.0 改善了 CDN 原本許多無法使用的功能，真是非常棒，並且還支援 JIT 模式，提升了開發上的體驗，可以更自由的做開發。如果想在 CDN 匯入的話，只要在 <head> 標籤內匯入，如程 2-1。

```
<head>
  <meta charset="UTF-8">
  <meta name="viewport" content="width=device-width, initial-scale=1.0">
  <script src="https://cdn.tailwindcss.com"></script>
</head>
```

▲ 程 2-1

一樣在 <head> 中直接透過 <script> 標籤設定想要的配置檔，範例為設定文字的顏色，如程 2-2。

```
<head>
  <meta charset="UTF-8">
  <meta name="viewport" content="width=device-width, initial-scale=1.0">
  <script src="https://cdn.tailwindcss.com"></script>
  <script>
    tailwind.config = {
      theme: {
        extend: {
          colors: {
            clifford: '#da373d',
          }
        }
      }
    }
  </script>
</head>
```

▲ 程 2-2

當然要直接寫 CSS 是必備方式。

```
<head>
  <meta charset="UTF-8">
  <meta name="viewport" content="width=device-width, initial-scale=1.0">
  <script src="https://cdn.tailwindcss.com"></script>
  <script>/* ... */</script>
  <style type="text/tailwindcss">
    @layer utilities {
      .content-auto {
        content-visibility: auto;
      }
    }
  </style>
</head>
<body>
  <div class="lg:content-auto">
    ...
  </div>
</body>
```

▲ 程 2-3

以上就是使用 CDN 直接引入 Tailwind CSS，並且可以直接做開發。

但我個人比較不會使用此方法作為專案開發，會使用 CDN 大多是要做一個功能的練習或是想快速開啟一個專案來作呈現才會使用 CDN，畢竟專案開發下去就是會一段很長的時間，如果使用 CDN 可能會有後續不好管理與維護的困擾。

2.1.2 使用 PostCSS

這邊看到一個 PostCSS，可能剛入門的新手不太知道是什麼，但你一定知道 Sass 與 SCSS，相信有使用預處理器撰寫樣式一定體會到諸多好處，那從字面上可以知道 PostCSS 就事後處理器，這邊就先暫時不討論，後面會有篇幅簡單介紹 PostCSS。

這邊要使用終端機來安裝，先輸入以下指令：

```
npm install -D tailwindcss postcss autoprefixer
npx tailwindcss init
```

▲ 程 2-4

安裝完之後會看到專案底下有一個 PostCSS 配置檔，裡面會有兩個套件，一個是 Tailwind CSS，另一個為自動加上前綴詞的套件 autoprefixer。

★ postcss.confic.js

```
module.exports = {
  plugins: {
    tailwindcss: {},
    autoprefixer: {},
  }
}
```

▲ 程 2-5

會有一個 Tailwind CSS 配置檔。

★ tailwind.config.js

```
module.exports = {
  content: ["./src/**/*.{html,js}"],
  theme: {
    extend: {},
  },
  plugins: [],
}
```

▲ 程 2-6

上面的範例設定是在 content 屬性裡面把 src 資料夾裡面只要讀取是 HTML 以及 JS 檔案，這是 Tailwind CSS 的獨家特點，可以提高渲染效能，這個有什麼優點後面章節會提到。

最後在主 CSS 檔案引入以下三個核心指令。

```
@tailwind base;
@tailwind components;
@tailwind utilities;
```

▲ 程 2-7

這樣就完成透過 PostCSS 安裝 Tailwind CSS。

再輸入啟動的指令開始開發專案囉！

```
npm run dev
```

▲ 程 2-8

2.1.3 透過 Tailwind CLI 安裝

這個方法是我實務上最常用，也是每次都使用的方式，非常推薦給大家，也是 Tailwind CSS 獨有的方法，透過 Tailwind CLI 的方式做安裝。

安裝環境需要 node v15.0.0 以上才能正確安裝，故安裝前請先檢查作業環境的 node 版本號。

使用終端機輸入下方指令，便會開始安裝 Tailwind CSS 跟 PostCSS。

```
npm install tailwindcss postcss autoprefixer
```

▲ 程 2-9

安裝完成後，專案底下會新增一個 Tailwind CSS 的配置檔，設定方式與 PostCSS 的方式相同，可參照程 2-6。

這邊要先新增一個主 CSS 檔案，要編寫的 CSS 要放在這裡，我們這邊就先取名為 input.css，並且將 Tailwind CSS 的指令放在這裡，道邊會覺得跟 PostCSS 有點像，但其實不一樣，這邊是要先做新增主要寫樣式的 CSS 檔案。

★ input.css

```
@tailwind base;
@tailwind components;
@tailwind utilities;
```

▲ 程 2-10

因為瀏覽器其實看不懂上面的設定方式，所以透過 PostCSS 或是 Tailwind CLI 處理與編譯後，會產生編譯過的 CSS 檔案，這個檔案瀏覽器才看得懂所寫的樣式。

按照檔案路徑並在終端機輸入下方指令，那我自己都是按照官方文件建議的方式來寫。

```
npx tailwindcss -i ./src/input.css -o ./dist/output.css --watch
```

▲ 程 2-11

上面這段簡單來說就是，透過 npx 從 src 資料夾中的 input.css 主要樣式檔，會編譯到 dist 資料夾 output.css 的檔案，只要輸入這段檔案，就會觀察所寫的樣式內容並且隨時更新畫面。

最後，記得要把 dist 資料夾中的 output.css 透過 link 的方式引入在專案內，就像一般我們引入樣式的方法一樣，不然瀏覽器會讀不到我們寫的樣式喔！

```
<head>
  <meta charset="UTF-8">
  <meta name="viewport" content="width=device-width, initial-scale=1.0">
  <link href="/dist/output.css" rel="stylesheet">
</head>
```

▲ 程 2-12

記得要安裝 Tailwind CSS 配置檔，指令如下。

```
npx tailwindcss init
```

▲ 程 2-13

安裝完成後會看到配置檔預設值。

```
module.exports = {
  content: [],
  theme: {
    extend: {},
  },
  plugins: [],
}
```

▲ 程 2-14

Hint 在 v2.0 版本的 purge 到 v3.0 改為 content。

以上就是準備使用 Tailwind CSS 撰寫樣式前的起手式，要注意 v3.0 以後是不支援 IE 的喔！

完整專案架構如下圖

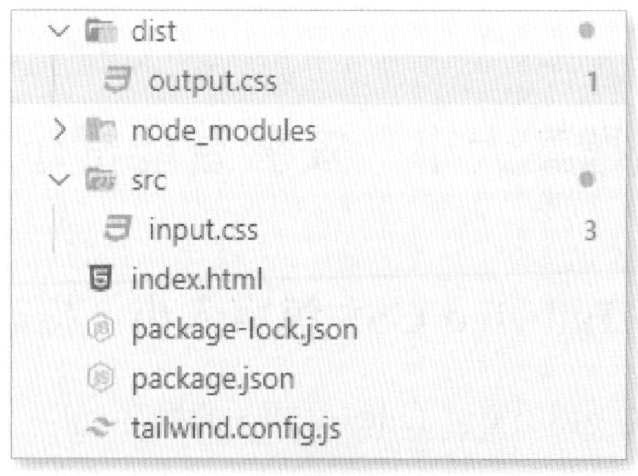

▲ 圖 1-8

2.1.4 Tailwind CSS Playground

假設您想要更快體驗 Tailwind CSS 的魅力，可以到官方建立的 Tailwind CSS Playground 直接體驗 Utility-First 快速建構畫面的快感，並且還可以直接設定 tailwind.config.js，可以使用 @apply 匯出 class 在模板使用，即時預覽您所打的程式碼所呈現的畫面。

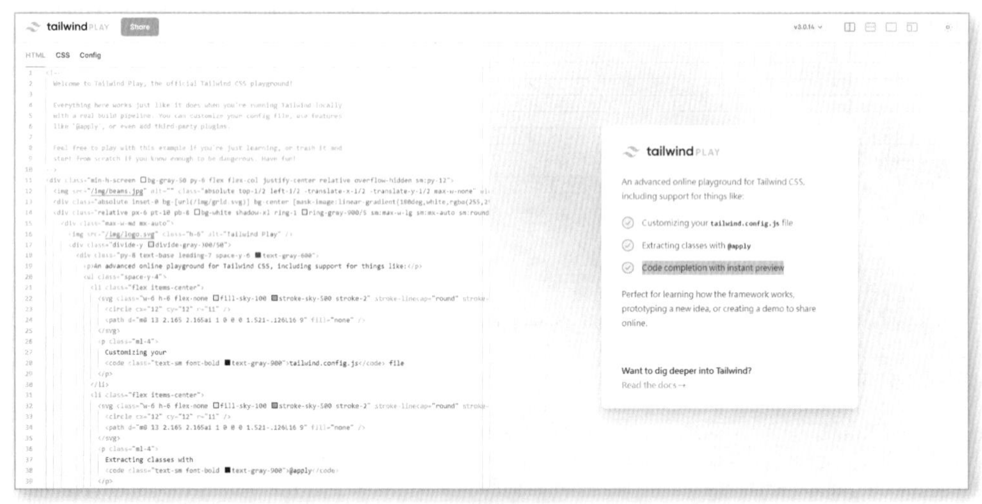

▲ 圖 1-9

2-2 壓縮檔案大小、安裝智能提示

2.2.1 壓縮 Tailwind CSS 檔案大小，提高渲染效能

可以輸入下方指令匯出整包 Tailwind CSS 的檔案大小。

```
npx tailwindcss-cli@latest build -o tailwind.css
```

▲ 程 2-16

在資料夾找到剛匯出的 tailwind.css 檔案，點選右鍵，選擇內容。

位置:	F:\TailwindCSSDemo
大小:	3.82 MB (4,009,501 位元組)
磁碟大小:	3.82 MB (4,009,984 位元組)

▲ 圖 2-1

這個數字真驚人，光是渲染畫面的檔案就有將近 4MB，好在 Tailwind CSS 的配置檔很貼心，可以透過 content 的屬性來壓縮檔案大小，只要在 content 屬性內帶入要讀取的檔案。

```
module.exports = {
  content: ["./**/*.html", "./src/**/*.css", "./js/**/*.js"], //寫在這裡
  theme: {
    extend: {},
  },
  plugins: [],
};
```

▲ 程 2-17

上面的意思就是當每次重新編譯的時候，只會去讀我的 HTML, CSS, JavaScript 檔案中有用到的 class，不會整包匯出。

這時我們可以輸入之前要編譯 Tailwind CSS 的指令，並且放在 package.json 檔案內。

```
{
  "dependencies": {
    "autoprefixer": "^10.4.2",
    "postcss": "^8.4.5",
    "tailwindcss": "^3.0.12"
  },
  "scripts": { //記得要加上 script 屬性。
    "build": "npx tailwindcss -i ./src/input.css -o ./dist/output.css" //寫在這裡
  }
}
```

▲ 程 2-18

這時我們在點開編譯後的檔案，這邊定義的名稱是 output.css。

類型:	檔案資料夾
位置:	F:\TailwindCSSDemo
大小:	8.06 KB (8,260 位元組)
磁碟大小:	12.0 KB (12,288 位元組)
包含:	1 個檔案，0 個資料夾

▲ 圖 2-2

打開一看，是不是很驚人，壓縮過的檔案只有 8KB，與原本近 4MB 的檔案落差超大。其原理是編譯後只會去偵測有使用到的 class 並把他編譯出來，沒有用到的就不會編譯，真的是超棒的。

2.2.2 工欲善其事，必先「下」其器

老派的開場，但還真貼切，前面提到 Tailwind CSS 是 Utility-First 的框架，可想而知雖然方便使用，但每次切版要打一大堆的 class 名稱，哪有可能記得這麼多 class，所以官方也很貼心地開發了一個套件 Tailwind CSS IntelliSense。

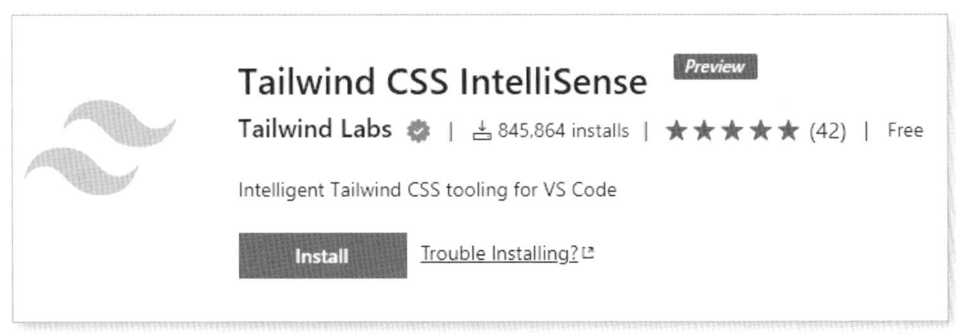

▲ 圖 2-3

可以透過智能提示，讓我們減少開發去查 class 的時間，例如我想在 <h1> 標籤上設定成紅色，我只要輸入文字相關的 class，就會自動跳出提示。

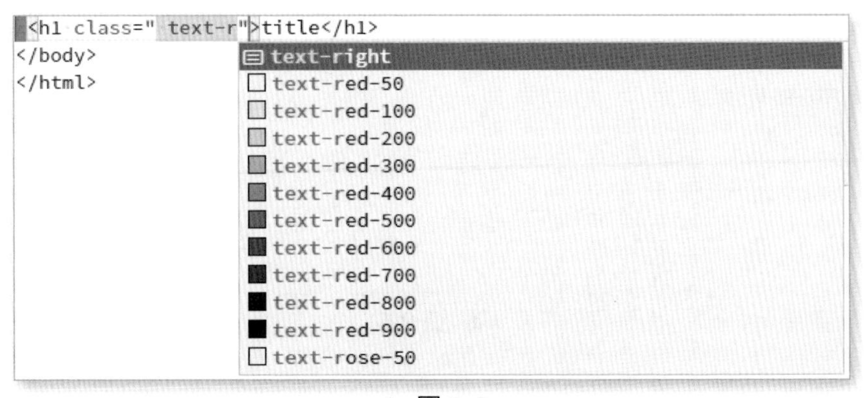

▲ 圖 2-4

看到這邊是不是有點感動，是不是已經很迫不及待要馬上使用 Tailwind CSS 來瘋狂切版了呢？

對了，智能提示套件只有 Visual Studio Code 編輯器上才可能使用，如果無法使用 Tailwind CSS 智能提示的話，資料夾裡面一定要要有 tailwing.config.js 以及在 head 裡面要放入編譯過後的 CSS 檔案喔！

智能提示套件有表示要取消 CSS Validator，因為 Visual Studio Code 有內建 CSS 驗證器，當使用 Tailwind CSS 特定語法的時候會跳錯，例如：@apply，可以把 CSS Vaildator 取消勾選，或是設定成 false。

```
"css.validate": false
```

▲ 程 2-18

此智能提示還有一個有趣的功能就是當我點選到 class 的名稱時，會跳出它包裝後的 CSS 內容。

例如我剛剛要將 <h1> 標題設定成紅色，當我滑鼠游標移動到 class 名稱上方時，就會出現此視窗，可以看看 Tailwind CSS 怎麼包裝這個 class 的。

```
.text-red-50 {
    --tw-text-opacity: 1;
    color: rgb(254 242 242 / var(--tw-text-opacity));
}
```

▲ 圖 2-5

最後推薦再安裝一個套件 Stylelint，管理樣式的套件。

▲ 圖 2-6

這邊我們只有要使用他的 config 配置檔，並把下方設定貼在 .vscode 裡面的 setting.json 檔案中。

```
{
  "stylelint.config": {
    "rules": {
      "at-rule-no-unknown": [
        true,
        {
          "ignoreAtRules": [
            "tailwind",
            "apply",
            "layer",
            "variants",
            "responsive",
            "screen"
          ]
        }
      ],
      "declaration-block-trailing-semicolon": null,
      "no-descending-specificity": null
    }
  },
  "css.validate": false
}
```

▲ 程 2-20

這樣就把基本環境與套件設置完成，可以安心來切版開發囉！

03 Tailwind CSS 核心知識

3.1 Utility-First 功能優先

Building complex components from a constrained set of primitive utilities.

官方文件給的定義：從組合過的原生功能，來建立起複雜的元件。

3.1.1 傳統的 CSS 撰寫方式

在講 Utility-First 之前，先來講一下傳統 CSS 的寫法，直接實際切版來說比較清楚，假設我要切一個下方訊息框的畫面。

▲ 圖 2-7

一開始沒有任何網頁前端背景的人，應該是跟我一樣，從 HTML + CSS 寫出一個所見即所得的靜態網頁，而一開始寫 CSS 會建議使用語意化來命名 class name，然後就會向下方的範例程式碼所示。

★HTML

```html
<div class="chat-notification">
  <div class="chat-notification-logo-wrapper">
    <img
      class="chat-notification-logo"
      src="/img/logo.svg"
      alt="ChitChat Logo"
    />
  </div>
  <div class="chat-notification-content">
    <h4 class="chat-notification-title">ChitChat</h4>
    <p class="chat-notification-message">你有一則新訊息</p>
  </div>
</div>
```

▲ 程 3-1

★CSS

```css
.chat-notification {
  display: flex;
  max-width: 24rem;
  margin: 0 auto;
  padding: 1.5rem;
  border-radius: 0.5rem;
  background-color: #fff;
  box-shadow: 0 20px 25px -5px rgba(0, 0, 0, 0.1), 0 10px 10px -5px rgba(0, 0, 0, 0.04);
}
.chat-notification-logo-wrapper {
  flex-shrink: 0;
}
.chat-notification-logo {
  height: 3rem;
  width: 3rem;
}
.chat-notification-content {
  margin-left: 1.5rem;
  padding-top: 0.25rem;
}
.chat-notification-title {
  color: #1a202c;
  font-size: 1.25rem;
  line-height: 1.25;
}
```

```
.chat-notification-message {
  color: #718096;
  font-size: 1rem;
  line-height: 1.5;
}
```

▲ 程 3-2

看得出來所有的東西都跟 chat 有關，但是只要階層一多， class 的名稱就會越來越長，慢慢的第一時間也越來越難分辨這段在寫什麼，而且如果相似的地方又沒有模組化的時候，會花很多時間在造輪子，也就是不斷地重工並且浪費時間。另外，想語意化的命名更是痛苦的事情，名稱會非常類似，以致於維護上會花更多時間。

如果，使用 Tailwind CSS 改寫會變成如何？

```
<div class="p-6 max-w-sm mx-auto bg-white rounded-xl shadow-md flex items-center space-x-4">
  <div class="flex-shrink-0">
    <img class="h-12 w-12" src="/img/logo.svg" alt="ChitChat Logo" />
  </div>
  <div>
    <div class="text-xl font-medium text-black">ChitChat</div>
    <p class="text-gray-500">你有一則新訊息</p>
  </div>
</div>
```

▲ 程 3-3

雖然看起來結構上好像變得比較精簡了，但是 class 變複雜了，不過可以發現一件事情，我一行 CSS 都沒有寫！原本要在 CSS 定義的內容，全部透過 Utility-First 的方式呈現在畫面上。

從傳統寫法到 Utility-First 的過程有點不習慣，一開始覺得這樣似乎也沒有比較好，曾經寫 Bootstrap 的時候就發現太多 class 可讀性太低了，整個 template 變得非常繁雜，但真正使用在專案的時候發現以下優點：

- **我不必為了命名 class 而傷腦筋**，不需要只是要添加某些樣式就硬要寫類似 .side-wrap 這種為了命名而命名的 class name。
- **CSS 檔案不會再變多了**，傳統撰寫方式，是每當新增功能的時候，CSS 樣式都會變多，使用 Utility- First 的方式，都是可以重用的 class name，幾乎不用編寫新的 CSS，而且因為共用了 class，就算頁面非常多，但因為 class 內容相同，所以 CSS 檔案也不會變肥，渲染畫面效果更好！
- **不用擔心更改後畫面壞掉**，因為 CSS 是全域的，每次要改一些樣式，都會怕整個畫面壞掉，因為我修改的地方是 HTML，所以只要專注在我要修改的部分，不用擔心會影響到其他樣式。

範例：https://codepen.io/hnzxewqw/pen/RwpJGwW

3.1.2 寫這麼多 class，為什麼不寫 inline style

什麼是 inline-style ？ inline style 就是在 HTML 上面寫上樣式。

```
<h1 style="color: red;font-size: 24px; padding: 10px 0;">title</h1>
```

▲ 程 3-4

但這個方式不建議在開發時使用，因這樣會有一個問題，這只有針對這個 tag 就是 inline style 的權重較高，未來若要修改樣式，則需要找到該 tag，才能進行修改，而使用 Tailwind 可以透過 class 定義的關係，能夠透過 tailwind.config.js 輕易修改多個樣式。

3.2 每個 Utility class 都支援響應式與偽類

手刻響應式網站，儼然已經成為業界標配，可能一次性的活動頁(Landing Page) 可以雜亂，反正活動結束頁面就沒有要使用了，但如果是系統開發，頁面勢必就會很多，除了響應式要耗費時間外，功能更要耗費更多時間，假設專案投入的人手又不夠的時候，可想而知光是切版一定會寫得又醜又亂，之後重構就會非常痛苦。而 Tailwind CSS 有一個令人心動的特點就是，所有的 Utility class 都支援響應式。

3.2.1 怎麼寫響應式斷點

手刻響應式網站，一定對下面的語法不會太陌生。

```
@media query(max-width:XXXpx){
/** 響應式內容 */
}
```

▲ 程 3-5

但每次寫斷點這樣真的有點麻煩，後來學 SCSS 的時候發現可以寫成元件來套用，因為很方便就另外寫了一個響應式的元件，

```
@mixin pc {
    @media (max-width:1024px) {
        @content;
    }
}

@mixin pad {
    @media (max-width:768px) {
        @content;
    }
}

@mixin phone {
    @media (max-width:414px) {
        @content;
    }
}
```

▲ 程 3-6

當要開發響應式網站只要引入元件，再使用 @include 想要的斷點就好，可是前端的世界沒這麼好過，各家手機百家爭鳴，手機已經都快不像手機，都跟小電視一樣，尺寸亂七八糟什麼都有，各家手機也都規則不一，光是響應式的橫式直式的斷點在開發上就會花費非常多的時間。

3.2.2 使用 Bootstrap 設定響應式

使用框架做斷點就一定要提一下 Bootstrap 這個老大哥，自從學了 Bootstrap 後在斷點上的開發算是得到一點救贖，前面有提到他也是手機優先的 CSS 框架，所以思考也只要單一思維即可，開發時透過框架已經分配好的斷點做設定，此時只要想著專心切版，斷點部分就按照 Bootstrap 規則來使用及，的確剩下不少時間，甚至連比較惱人的 table 也變得比較不惱人了。

```
<div class="table-responsive">
  <table class="table table-striped">
    <thead>
      <tr>
        <th scope="col">#</th>
        <th scope="col">First</th>
        <th scope="col">Last</th>
        <th scope="col">Handle</th>
      </tr>
    </thead>
    <tbody>
      <tr>
        <th scope="row">1</th>
        <td>Mark</td>
        <td>Otto</td>
        <td>@mdo</td>
      </tr>
      <tr>
        <th scope="row">2</th>
        <td>Jacob</td>
        <td>Thornton</td>
        <td>@fat</td>
      </tr>
      <tr>
        <th scope="row">3</th>
        <td colspan="2">Larry the Bird</td>
        <td>@twitter</td>
      </tr>
    </tbody>
  </table>
</div>
```

▲ 程 3-7

個人覺得 table 的部分算是已經夠好用了，也算是清楚，但還是要相依在該規範中。

Table 可能比較看不出來困擾的地方，那來看看許多網頁很常用的圖文卡片元件，程式碼會如下方所示：

```
<div class="card" style="width: 18rem;">
  <img src="..." class="card-img-top" alt="..." />
  <div class="card-body">
    <h5 class="card-title">Card title</h5>
    <p class="card-text">
      Some quick example text to build on the card title and make up the bulk of
      the card's content.
    </p>
    <a href="#" class="btn btn-primary">Go somewhere</a>
  </div>
</div>
```

▲ 程 3-8

可以看到 Bootstrap 是以定義好的元件方式載入畫面，所以會需要依賴框架的元件定義，才能完整呈現想要的畫面，導致 class 名稱會越來越多層，並且相依性很重，假設要呈現多張卡片外層還要加上更多的標籤。

```
<div class="row">
  <div class="col-md-3">
      <div class="card" style="width: 18rem;">
        <img src="..." class="card-img-top" alt="..." />
        <div class="card-body">
          <h5 class="card-title">Card title</h5>
          <p class="card-text">
            Some quick example text to build on the card title and make up the bulk of
            the card's content.
          </p>
          <a href="#" class="btn btn-primary">Go somewhere</a>
        </div>
     </div>
  </div>
</div>
```

▲ 程 3-9

可以發現，畫面如果單純，網頁架構就不會太複雜，可是如果今天畫面越來越複雜的時候，維護專案時，光是找標籤可能都滿難找到的。

3.2.3 使用 Tailwind CSS 增加斷點

記得前面提到 Tailwind CSS 也是手機優先的來規劃斷點的框架，透過 Utility-First 的方式來撰寫三張並排的卡片，並於不同的裝置加入斷點。並且不需要相依在元件之下就能寫出響應式的效果。如官方範例：

```
<img class="w-16 md:w-32 lg:w-48" src="...">
```

▲ 程 3-10

從官方範例可以看到 Tailwind CSS 除了單一斷點思考方向外，還可以自訂在不同斷點的寬度，並且可讀性非常高，可以知道在什麼斷點呈現什麼樣的寬度，跟 Bootstrap 有點異曲同工之妙，但我只要加在想要的 element 上面就好了，不需要加很多 .row 跟 .col，程式碼看起一致性高且直觀。

3.2.4 偽類也是一樣的方法

網頁互動最頻繁使用的應該就是 hover 這個偽類語法，不管是超連結或是改變背景底色，或是最常見的滑鼠經過按鈕，使按鈕變色的情境，都是靠 hover 完成，就以按鈕為例，如果想在按鈕上做點互動效果會這樣寫：

```
.btn {
  color: red;
}

.btn:hover {
  color: blue;
}
```

▲ 程 3-11

使用 Tailwind CSS 改寫會變成：

```
<button class="text-red-500 hover:text-blue-500">click</button>
```

▲ 程 3-12

3.2.5 響應式卡片元件實戰

講了這麼多，這個小單元做一個四張卡片的實戰吧！透過 Tailwind CSS 自己做一個卡片元件外，還符合響應式的寫法。

3.2.5.1 使用 ul、li 列表特性建立多張卡片架構

列表呈現多筆資料呈現是相當方便的其中一種方式，此實戰範例就使用 ul、li 把架構先寫好，並把功能寫入：

```
<ul class="flex mt-5 flex-wrap justify-center items-center">
        <li class="mx-6 mt-5">
            <!-- card -->
        </li>
</ul>
```

1. 我在 ul 中加入了 flex 語法為了要讓 li 變成橫排顯示。
2. 使用 mt-5（margin-top 往上推擠 1.25rem，等同於 20px）的間距。
3. 使用 flex-wrap 讓其斷行。
4. 使用 flex 常用的置中對齊方法 justify-center，items-center。
5. li 部分向左右推擠與向上推擠。

目前完成列表的架構，幾乎想到什麼寫什麼，傳統寫法可能會一直切換視窗去確認 class 的名稱，或是開兩個視窗去對照寫到哪個 class，不小心還會拼錯。

再來就要完成第一張卡片的樣式囉！

這邊要做一個圖文並茂且有按鈕的卡片，首先先完成卡片本體的樣式，

```
<body class="bg-gray-300">
      <ul class="flex mt-5 flex-wrap justify-center items-center">
          <li class="mx-6 mt-5">
              <div
                  class="py-8
                         px-8
                         max-w-sm
                         mx-auto
                         bg-white
                         rounded-xl
                         shadow-md
                         space-y-2
              >
              </div>
          </li>
      </ul>
</body>
```

▲ 程 3-14

因卡片本身為白色，故我把背景變成色階為 300 的灰色，看得比較清楚。

目前我做在卡片本體寫下以下 class：

1. px-8、 py-8 將卡片水平與垂直各推 8 個單位，也可以寫成 p-8，代表水平垂直都推一樣的距離，但如果分開寫，未來有更動可以只調整想要的區塊。
2. 卡片寬度設定為 max-w-sm 等於最大寬度為 24rem。
3. mx-auto 左右自動給予空間，使其卡片置中。
4. bg-white 讓卡片背景為白色。
5. rounded-xl 卡片四邊圓角的弧度，xl 相當於 0.75rem 的圓角。
6. shadow-md 是 box-shadow 的陰影模糊與間距為中等的。
7. space-y-2 是等同於 margin-top:0.5rem。

目前我們基礎的卡片樣板已經完成，會得到對應的畫面會如下：

▲ 圖 3-1

3.2.5.2 加入圖文內容

卡片內要呈現圖片與文字以及一個按鈕，Tailwind CSS 很棒的地方是只要是網頁元素，我都可以加上 class 去改變它的樣式，這次練習當然也是在圖片、文字區塊與按鈕上分別將上樣式。

```
<img
    class="block mx-auto h-24 rounded-full"
    src="  https://picsum.photos/300/300?pepple=10"
    alt="Woman's Face"
/>
<div class="text-center space-y-2">
        <div class="space-y-0.5">
            <p class="text-lg text-black font-semibold">First Card</p>
            <p class="text-gray-500 font-medium">First Content</p>
        </div>
        <button
            class="px-4 py-1 text-sm text-purple-600 font-semibold rounded-full border
            border-purple-200 hover:text-white hover:bg-purple-600 hover:border-transparent
            focus:outline-none focus:ring-2 focus:ring-purple-600 focus:ring-offset-2"
        >
         click
        </button>
</div>
```

▲ 程 3-15

圖片樣式：

1. 使其變成 block 區塊元素。
2. 使用 mx-auto 讓其左右置中。
3. h-24 設定高度為 6rem。
4. rounded-full 會讓元素變成一個圓形。

文字區塊樣式：

1. 使用一個 div 標籤將其變為一個區塊元素。
2. 使用 text-center 使其內元素置中，space-y-2 做 margin 上下推擠。
3. 再使用 div 做一個文字區塊把文字包住，樣式給 space-y-0.5 做 magin 上下推擠。

文字樣式：

1. 文字分成卡片名稱與內容，卡片名稱的文字大小使用 text-lg，顧名思義就是大的文字，text-black 文字為黑色，如果想變成綠色，可以改成 text-green。Tailwind CSS 的文字粗細有定義很多 class，這邊標題使用 font-semibold，滑鼠移動過去可以看到是 font-weight:600。

```
.font-semibold {
    font-weight: 600;
}
```

▲ 圖 3-2

2. 文字部分就有很多 Utility 可以使用，並且文字可以套用多種 class，善用這些樣式，就可以不需要太多的思考，就能創造出好看的文字排版喔！

按鈕樣式：

1. 按鈕樣式相對複雜，而 Tailwind CSS 的按鈕跟其他框架的按鈕有一個不同之處，預設是沒有任何樣式的（如圖 3-3），所以要自己給按鈕樣式，個人覺得有一個好處是可以完全客製自己想要的按鈕樣式，也不需要取消預設的按鈕樣式。

▲ 圖 3-3

2. 使用 px-4 與 py-1 設定按鈕的寬與高，前面提到把 x 跟 y 的方向分開設定是有好處的。
3. 文字設定為 text-sm 較小的文字，text-purple-600 為色階為 600 的紫色文字，前面用過的 font-semibold 粗體文字。
4. rounded-full 讓按鈕變成左右圓形的膠囊狀。
5. 使用 border-purple-200 設定邊框為色階 200 的紫色。

按鈕互動（加上偽類）：

1. hover: 滑鼠經過時文字變為白色、背景變成較深的紫色（text-purple-600），並且邊框顏色變成透明。

2. focus: 點擊按鈕時取消外框，使用 ring 屬性可以自訂當 focus 的時候有基本的互動樣式（如圖 3-4），並外框為色階 600 的紫色，最後也用 ring-offset 屬性設定當有 ring 樣式時，互動外框與按鈕的間距（圖 3-5）。

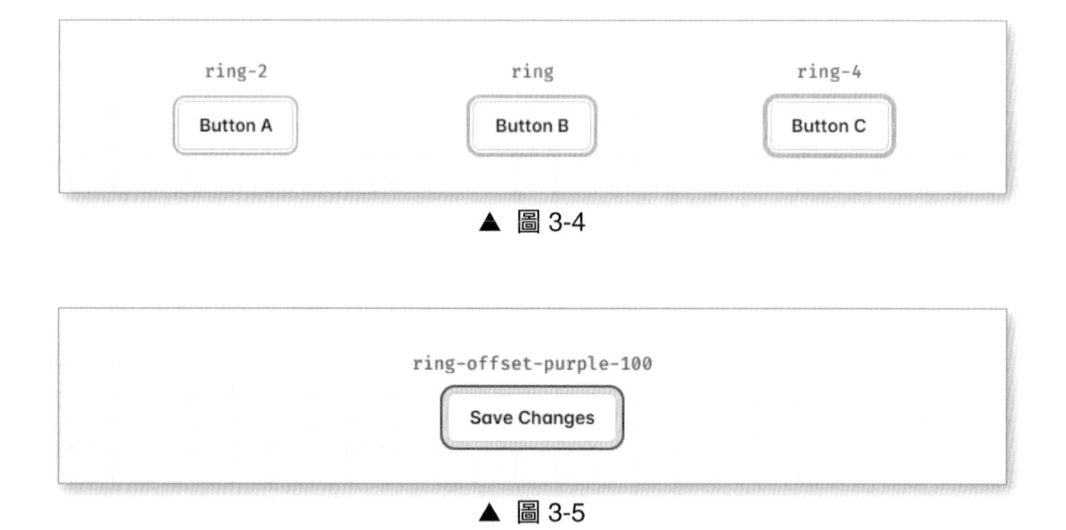

▲ 圖 3-4

▲ 圖 3-5

開發完的畫面會變這樣：

▲ 圖 3-6

似乎就完成了手機版的呈現。

等等，這篇練習不是要做響應式嗎？那響應式怎麼寫？

3.2.5.3 加入斷點馬上變成響應式

當我第一次遇到這個的時候，我認真覺得是一個魔法，雖然跟 Bootstrap 有點像，但 Tailwind CSS 寫起來更是直覺。這次練習就先加上一個斷點 sm(640px)，

只要大於 640px 以上的裝置，就會改變變成自適應的呈現，所以只要思考哪些元素在大於 640px 以上解析度時要做響應式的呈現，

```
<ul class="flex mt-5 flex-wrap justify-center items-center">
    <li class="mx-6 mt-5">
        <div
            class="py-8 px-8 max-w-sm mx-auto bg-white rounded-xl shadow-md space-y-2
                   sm:py-4 sm:flex sm:items-center sm:space-y-0 sm:space-x-6"
        >
            <img
                class="block mx-auto h-24 rounded-full
                       sm:mx-0 sm:flex-shrink-0"
                src="  https://picsum.photos/300/300?pepple=10"
                alt="Woman's Face"
            />
            <div class="text-center space-y-2 sm:text-left">
                <div class="space-y-0.5">
                    <p class="text-lg text-black font-semibold">First Card</p>
                    <p class="text-gray-500 font-medium">First Content</p>
                </div>
                <button
                    class="px-4 py-1 text-sm text-purple-600 font-semibold rounded-full
                           border border-purple-200 hover:text-white hover:bg-purple-600
                           hover:border-transparent focus:outline-none focus:ring-2
                           focus:ring-purple-600 focus:ring-offset-2"
                >
                    click
                </button>
            </div>
        </div>
    </li>
</ul>
```

▲ 程 3-16

範例可見是卡片本體以及圖片還有文字部分會做響應式的排版：

卡片本體：

1. 卡片高度調整成上下 padding 4 個單位。
2. 並且使用 flex 橫向排列與水平置中。
3. space-y-0 上下 margin 推擠變為 0 個單位，space-x-6 左右 margin 推擠變 6 個單位。

圖片：

1. mx-0 使左右 margin 變為 0。
2. flex-shrink-0 有元件收縮性的特性，將超出的部分重新分配，為避免圖片因改變排版而變形或是破版，數值 0 就是禁止伸展與收縮。

文字：

1. text-left 文字靠左

最後的完成結果如下圖：

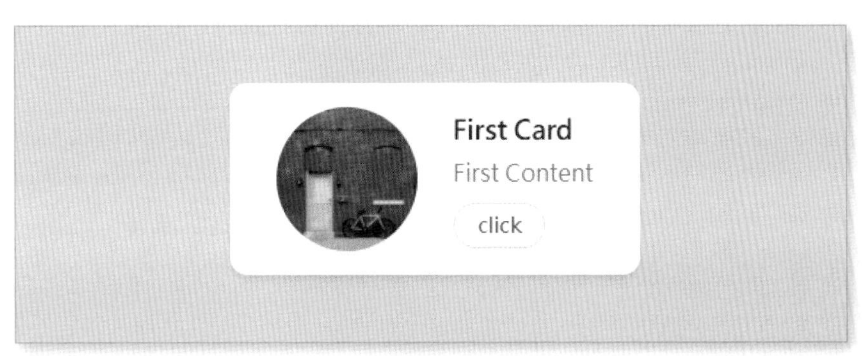

▲ 圖 3-7

以上就完成一個簡單的圖文響應式卡片，相信學會了樣式後就可以開發出更多好玩有趣的元件囉！

即時預覽：https://codepen.io/hnzxewqw/pen/KKyKbqe

範例程式碼：https://github.com/hsuchihting/tailwindcss-vue/blob/master/src/views/CardDemo.vue

3.3 手機到桌上螢幕，所有元素都能自適應

這是 Tailwind CSS 很棒的一個設計模式，在傳統 CSS 開發會花很多時間在思考什麼元件要響應式，什麼不用，然後要在 CSS 檔案中一直去嘗試，不要說新手了，就算有開發經驗的前端工程師都要花一點時間去看是否有沒有問題，但透過 Tailwind CSS 直觀的斷點設計，可以在每一個元素上都加上斷點，這一點在開發的確減少切換到樣式檔案的時間，例如我在圖片上加上斷點。

```
<img class="w-16 md:w-32 lg:w-48" src="..." />
```

▲ 程 3-17

這一段可以換成這樣去想：

- 手機圖片寬度為 64px
- 平板圖片寬度為 128px
- 桌機圖片寬度為 192px

官方推薦斷點寫法是從小到大的方式來開發，易讀又直觀，想要任意換順序也可以，但為了未來維護方便，建議還是按照順序開發喔！當斷點思維變成單向思考的時候，可以專注於目前的斷點開發，也就是說，如這個頁面變成很多元素，也有很多響應式元件要做的話，可以專注在每個斷點上，在開發也比較不會搞混。

3.3.1 不只單元素，多個元素也可以完成合體技

直接來看程式碼，這次範例也是做一張圖文的卡片，但這次變換稍微多一些，那開始吧！內容跟上一個範例架構雷同，類似的寫法就不再贅述。

```
<div class="max-w-md mx-auto bg-white rounded-xl shadow-md overflow-hidden">
        <img
            class="h-48 w-full object-cover"
            src="https://picsum.photos/300/300?pepple=10"
            alt="Man looking at item at a store"
        />

        <div class="p-8">
            <div class="uppercase tracking-wide text-sm text-indigo-500 font-semibold">
            這是標題
            </div>
            <a href="#" class="block mt-1 text-lg leading-tight font-medium text-black">
            這是副標題
            </a>
            <p class="mt-2 text-gray-500">
                這是內容這是內容這是內容這是內容這是內容這是內容這是內容這是內容這是內容這是內容這是內容這
                是內容這是內容這是內容這是內容這是內容這是內容這是內容這是內容
            </p>
       </div>
</div>
```

▲ 程 3-18

我們按照官方推薦的寫法，目前是手機優先的樣式，打開瀏覽器看一下畫面可以得到如下方圖片。

▲ 圖 3-8

應該跟預期的是一樣的。再來把斷點要呈現的方式加上去，斷點的話就是載具會變大，那這邊設定從 md 開始，也就是 768px 以上，大概就是手機打橫或是平板以上的解析度。

```
<div class="max-w-md mx-auto bg-white rounded-xl shadow-md overflow-hidden md:max-w-2xl">
    <div class="md:flex">
        <div class="md:flex-shrink-0">
            <img
                class="h-48 w-full object-cover md:h-full md:w-48"
                src="https://picsum.photos/300/300?pepple=10"
                alt="Man looking at item at a store"
            />
        </div>
        <div class="p-8">
            <div class="uppercase tracking-wide text-sm text-indigo-500 font-semibold">
                這是標題
            </div>
            <a href="#" class="block mt-1 text-lg leading-tight font-medium text-black
                        hover:underline"
                >這是副標題</a
            >
            <p class="mt-2 text-gray-500">
                這是內容這是內容這是內容這是內容這是內容這是內容這是內容這是內容這是內容這是內容這是內容這是內容這是
                內容這是內容這是內容這是內容這是內容這是內容
            </p>
        </div>
    </div>
</div>
```

▲ 程 3-19

斷點說明：

1. 最外框的部份加上 max-w-2xl 代表解析度在 760px 以上時寬度要改變。

2. 在解析度 768px 以上時卡片要為橫式，所以加上一個 flex 的 class，先讓內容變成橫排。

3. 裡面再包一層 class 去禁止自動縮放。

4. 針對圖片在 768px 時高度為自動填滿，並且寬度變成 w-48 的單位。

完成後再打開瀏覽器，就會發現改變解析度的時候，圖文卡片果然變成橫式的。

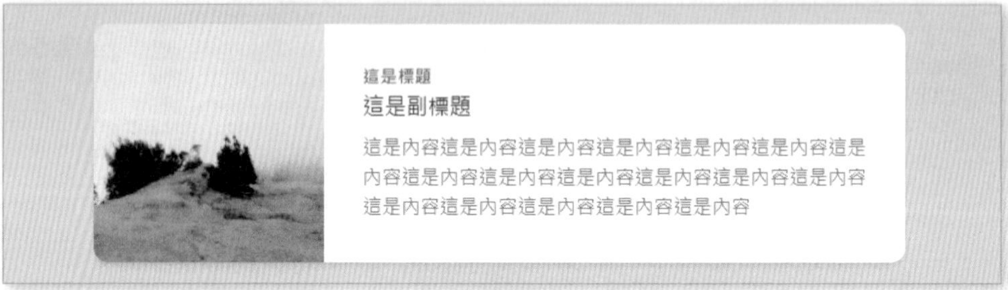

▲ 圖 3-9

透過這次練習可以發現任何的元素真的都可以自適應，甚至自己在另外加上標籤去寫響應式，也都很直覺，不必一直去想命名，真的很省事，只要針對要呈現的功能去寫就可以達到想要切的版型。如果以上兩個卡片版型都學會了，有卡片類型的切版，應該都很得心應手囉！

3.3.2 不需要寫手機版斷點

前面有提到此框架是從手機版開始開發，但可能剛從 Bootstrap 跳過來的朋友會有點不習慣，因 Bootstrap 還是會寫到手機版斷點，雖然它也是手機優先的 CSS 框架。因為是斷點設計與 Tailwind CSS 不同的關係，透過下圖可見 Bootstrap 的官網上的斷點規劃。

Breakpoint	Class infix	Dimensions
X-Small	*None*	<576px
Small	sm	≥576px
Medium	md	≥768px
Large	lg	≥992px
Extra large	xl	≥1200px
Extra extra large	xxl	≥1400px

▲ 圖 3-10

他一開始的斷點是小於 576px，而 sm 斷點是從 576px 以上開始，而 Tailwind CSS 預設的最小斷點是 sm，但對應的是 640px 以上。所以使用 Tailwind CSS 框架開發時手機版是不需要前綴詞的。

```
<div class="sm:text-center"></div>
```

▲ 程 3-21

上面這樣寫就不會有手機版，會直接從解析度 640px 以上開始自適應，會沒有手機版的呈現，所以如果要符合有手機版跟解析度 640px 以上的寫法會是，

```
<div class="text-center sm:text-center"></div>
```

▲ 程 3-21

3.3.3 單一斷點導向

有提到說 Tailwind CSS 單一斷點思考，那是什麼的單一斷點呢？是 min-width，沒有 max-width，代表開發時都是要從手機版開始作為思考點，若只想在某個元素使用斷點，只需要在更大的斷點上寫上所需的內容，比如我寫一個方塊的變化。

```
<div class="box w-24 h-24 rounded md:text-center bg-red-500 sm:bg-green-500 md:bg-
blue-500 lg:bg-pink-500 xl:bg-teal-500 lg:ml-auto"></div>
```

▲ 程 3-22

我有一個方塊，在手機板的時候要靠左，並且是蜜桃色的，但隨著螢幕尺寸的變化，會慢慢變成不同的顏色，甚至到最大的斷點時，可以設定讓方塊靠右對齊。

透過斷點達到想呈現的效果就是這麼容易。

3.3.4 客製化斷點

如果預設的斷點在專案上不符使用，那就自己定義吧！ Tailwind CSS 的優點就是可以自由的客製化，假如預設的斷點比較不符專案使用，也可以透過 tailwind.config.js 去設定想要的斷點喔！斷點的前綴詞可以自訂義。

```
// tailwind.config.js
module.exports = {
  theme: {
    screens: {
      'tablet': '640px',
      // => @media (min-width: 640px) { ... }

      'laptop': '1024px',
      // => @media (min-width: 1024px) { ... }

      'desktop': '1280px',
      // => @media (min-width: 1280px) { ... }
    },
  }
}
```

▲ 程 3-23

把 sm 改成 tablet，md 改成 laptop，lg 改成 desktop…以此類推，不只是名稱可以修改，連數值都可以自訂義。修改完後就可以把自訂義的斷點替換掉，會如下程式碼所示。

```
<div
    class="box w-24 h-24 rounded laptop:text-center bg-red-500 tablet:bg-green-500
laptop:bg-blue-500 desktop:bg-pink-500 desktop:ml-auto"
></div>
```

▲ 程 3-24

寫到這邊不難發現 Tailwind CSS 能客製化的範圍非常廣，並且善用客製化的內容，可以讓頁面達到更貼近客戶的需求喔！

3.4 增加 Base 樣式

什麼是 Base 樣式？概念有類似 CSS Reset，瀏覽器會給一個基本的樣式，但通常會把這個樣式覆蓋掉，畢竟不符合實際需求，相信有寫過網頁的讀者一定不陌生，而 Tailwind CSS 提供一組基本樣式，稱為 Preflight [註 6]，基本上就是採用 modern-nomalize [註 7] 啦！起初在學切版的時候，也都是使用CSS Reset [註 8]，但現在也會使用Nomalize [註 9]。

[註 6] Preflght: https://tailwindcss.tw/docs/preflight

[註 7] modern-nomalize: https://github.com/sindresorhus/modern-normalize

[註 8] CSS Reset: https://meyerweb.com/eric/tools/css/reset/

[註 9] Nomalize: https://necolas.github.io/normalize.css/

再來官網有提到 Base 的樣式是使用 Box-sizing-reset，為什麼特別提這個？

原因是預設樣式其實是 box-sizing: content，新手接觸網頁時會介紹盒模型，為了不要算數學這麼累，在開發上可以直覺一點，一定要加入 box-sizing: border-box 這個屬性，讓開發者開發的時候寬度設定多少，網頁就跑多少出來，那 border-box 跟 content-box 的差別是什麼？

簡單來說，border-box 就是我指定的寬度或高度是多少，網頁就會呈現該數值，但如果是 content-box 就會另外加上 border(邊框) 的寬度，結果跟預期的結果不同。

這裡提供一個範例可以看看 border-box 跟 content-box 的差別：

```
**HTML**

<div class="box">
    Lorem ipsum dolor sit amet.
</div>

----------------------------------------------------------------

**CSS**

// * {
//   box-sizing: border-box;
// }

/**打開 box-sizing 的註解，使用開發人工具的檢查，看一下尺寸的變化*/

.box {
    width: 100px;
    height: 100px;
    background-color: red;
    padding: 10px;
    color: #fff;
}
```

▲ 程 3-26

3.4.1 覆蓋原本 Base 樣式

在一開始建立專案的時候有新建一個放 Tailwind CSS 核心的 style.css 檔案，裡面會放三個核心。

★ style.css

```
@tailwind base;
@tailwind components;
@tailwind utilities;
```

▲ 程 3-27

以 h1 為例，如果專案需求是要更動 h1 的大小，可將要改變的內容直接寫在 style.css，並使用 @layer base 這個 Tailwind CSS 的語法去改變其內容，把想要更改的屬性與值寫在此檔案中，如下方範例：

```
@tailwind base;
@tailwind components;
@tailwind utilities;

@layer base {
  h1 {
    @apply text-6xl text-red-500 my-5;
  }
}
```

▲ 程 3-28

又出現新的東西了，現在來說明一下，這段意思是，我使用 @layer 圖層的語法，把 base 的 h1 樣式改掉，並且使用 @apply 允許修改整個 h1 的內容，@apply 有點像是把想要的樣式合併起來，類似拆模組的概念。

3.4.2 覆蓋預設文字樣式

跟覆蓋 base 樣式的方法一樣，專案需求如果要覆蓋樣式，官網也提供範例可以參考，而覆蓋字體是使用 @font-face 語法，並把相關內容寫在其中。

```
@tailwind base;
@tailwind components;
@tailwind utilities;

@layer base {
  h1 {
    @apply text-6xl text-red-500 my-5;
  }
  @font-face {
    font-family: Proxima Nova;
    font-weight: 400;
    src: url(/fonts/proxima-nova/400-regular.woff) format("woff");
  }
  @font-face {
    font-family: Proxima Nova;
    font-weight: 500;
    src: url(/fonts/proxima-nova/500-medium.woff) format("woff");
  }
}
```

▲ 程 3-29

這樣我就增加了兩種字體的粗細度，並且可以使用我想要用的字體樣式。也可以再 tailwind.config.js 配置檔增加文字的樣式，當作套件來新增，如果要自訂義套件使用，要使用 addBase 這個方法，才能做使用喔！並且所有有使用 addBase 產生的樣式，都會被加到 base 的樣式中。下方範例就是將自訂義 h1~h3 字體大小。

使用方法：

- 在 plugins 的陣列中加上套件的方法，此範例稱作 plugin()，此名稱可自訂義。
- 裡面使用一個函式，並給予一個物件，兩個屬性， addBase,theme。
- 函式裡面需用 addBase() 這個方法，並且塞入物件，此物件就是要修改的文字屬性內容。

★tailwind.config.js

```
//引入剛剛新增的字型 plugin
const plugin = require("tailwindcss/plugin");

module.exports = {
  content: ["./*.html"],
  darkMode: false, // or 'media' or 'class'
  theme: {
    extend: {},
  },
  variants: {
    extend: {},
  },
  plugins: [
    plugin(function ({ addBase, theme }) {
      addBase({
        h1: { fontSize: theme("fontSize.2xl") },
        h2: { fontSize: theme("fontSize.xl") },
        h3: { fontSize: theme("fontSize.lg") },
      });
    }),
  ],
};
```

▲ 程 3-30

透過配置檔自行新增套件的方法，的確可以達到更高彈性的功能喔！如果您對配置檔還沒有這麼熟的新手，會建議直接就直接寫在 style.css 裡面，這樣也很直觀，看喜歡什麼方式都可以自由選擇！

3.5 偽類變體 Pseudo-Class Variants

又來一個專有名詞，還沒學就心慌慌…

但是發現有一個熟悉名詞：偽類 (看到這個一半的心了)。在傳統 CSS 中，常常會使用偽類，像是 :hover, :active, :focus…等等。如果要寫一個 a 連結，然後要 hover 效果會變色的話會寫：

```
a{
  font-size: 18px;
}

a:hover{
  color:red;
}
```

▲ 程 3-31

上方寫法相信這大家都很熟悉，如果使用 Tailwind CSS 只要在想使用偽類效果的元素前加上想用的偽類，就可以達到預期的效果，像是我把上方範例改寫成 Tailwind CSS 的方式的話，會是：

```
<a href="#" class="hover:text-red-600 text-3xl" >hover me by TailwindCSS</a>
```

▲ 程 3-32

但其實 Tailwind CSS 規劃偽類變體的方法跟傳統的 CSS 是不同的，當我滑鼠移到 hover:text-red-500，智能提示會出現以下訊息：

```
.hover\:text-red-600:hover {
    --tw-text-opacity: 1;
    color: rgba(220, 38, 38, var(--tw-text-opacity));
}
```

▲ 圖 3-11

原來它是把 hover 包裝成一個 class，然後再去執行文字變色的效果有 hover 的偽類。透過智能提示可以觀察 Tailwind CSS 是如何包裝各個 class 並實現於網頁之中，很有意思。另外，除了以上介紹的偽類變體外，還有以下的偽類變體可以使用，推薦可以到官方文件中複製來玩玩看。

- Hover
- Focus
- Active
- Group-hover
- Group-focus
- Focus-within
- Focus-visible
- Motion-safe
- Motion-reduce
- Disabled
- Visited
- Checked
- First-child

- Last-child
- Odd-child
- Even-child

3.5.1 偽類變體與響應式的合體技

前面有介紹過 Tailwind CSS 在所有的元素上都支援響應式，相同的也可以結合偽類變體快速定義想要的效果，如下方範例，想要做一個解析度 375px 與其解析度以上時，按鈕有不同的 hover 效果。

```
<button
      class="
        flex
        sm:mx-auto
        rounded
        p-2
        m-2
        bg-yellow-300
        hover:bg-green-500
        hover:text-white
        sm:hover:bg-blue-500 //合體技
        focus:outline-none
      "
    >
      Click Me
</button>
```

▲ 程 3-33

可以看見註解處斷點與偽類變體寫在一起，不僅直覺又易讀，並且直接渲染效果直接可以在網頁上呈現出來。

3.6 設定自己想要的 Tailwind CSS 樣式 Variant

前面有提到 Tailwind CSS 在所有的 DOM 元素前面「幾乎」都可以使用偽類變體來控制，但幾乎也就代表了沒有全部的元素都可以這樣做，那如果專案需要設定效果，但 Tailwind CSS 沒有支援怎麼辦。

~~那就自己用 CSS 刻阿！然後這篇就到這裡結束了 (被揍)~~

事情當然沒這麼簡單，被稱為高客製化的 CSS 框架當然有提供可以客製化的方法給開發者。

3.6.1 使用 Variant 來設定自己想要的樣式

在 v2.2 許多常用的效果 Tailwind CSS 都已經幫開發者設定好，那為什麼要可以自訂呢？因為還是有許多較少使用的樣式，沒有被設定。因為較少使用，所以要用到的時候，會發現我打了樣式，卻沒有出現效果。

例如：我想在 hover 效果的時候使用 border-dashed 虛線效果，可是沒有出現。

```
<div class="container sm:mx-auto">
    <button class="
                    flex
                    mx-auto
                    rounded
                    py-2
                    px-3
                    m-2
                    bg-yellow-300
                    hover:bg-green-500
                    hover:text-white
                    sm:hover:bg-orange-500
                    focus:outline-none
                    border-blue-900
                    hover:border-red-900 hover:border-dashed //沒有出現
                    border-2
                ">
        Click Me
    </button>
    <br>
    <p class="text-center">
        <code class="bg-pink-200 p-1 text-red-500">border-dashed</code>沒有效果
    </p>
</div>
```

▲ 程 3-34

畫面沒有出現…

▲ 圖 3-12

雖然我也可以每次要用的時候再去翻文件就好，但就是每次要寫就要去找一次，有點麻煩。可能常寫也會記得啦！但如果可以都不要寫不是更好 (誤)…

此時 tailwind.config.js 的設定檔就發揮功能了，前面有教過如何建立配置檔，但這沒辦法看到完整的配置檔，此時可以輸入完整的配置檔指令。

```
npx tailwindcss init --full
```

▲ 程 3-35

因篇幅關係讀者可自行在 IDE 輸入上方指令，就會看到滿滿的預設屬性。

3.6.2 建議覆蓋預設配置檔的內容

原本在 v2.2 版本雖然得到完整的預設配置檔，可以改成專案需求的樣式，但官方文件建議只在需要客製化地方，使用覆蓋的方式去取代原本預設的樣式，會是比較推薦的做法，避免一次引入太多沒使用到的樣式，讓 CSS 變得很肥。官方有提供一個覆蓋預設樣式的範例：

```
// `tailwind.config.js` 範例檔案
const colors = require("tailwindcss/colors");

module.exports = {
  theme: {
    colors: {
      gray: colors.coolGray,
      blue: colors.lightBlue,
      red: colors.rose,
      pink: colors.fuchsia,
    },
    fontFamily: {
      sans: ["Graphik", "sans-serif"],
      serif: ["Merriweather", "serif"],
    },
    extend: {
      spacing: {
        128: "32rem",
        144: "36rem",
      },
      borderRadius: {
        "4xl": "2rem",
      },
    },
  },
  variants: {
    extend: {
      borderColor: ["focus-visible"],
      opacity: ["disabled"],
    },
  },
};
```

▲ 程 3-36

可以看見此範例覆蓋了以下幾個內容：

1. 主題 theme 下有兩個子項目：字型 fontFamily 與延伸區塊 extend 改變 間距 spacing 以及 邊框弧度 borderRadius。
2. 變化模式 variants 的項目：邊框線條 borderColor 與 透明度 opacity。

加上以後才會運行在網頁上。

3.6.3 v3.0 版本後全面開放所有屬性

到 v3.0 全面開放所有屬性，很多在 v.2.2 版本要另外在 variants 補上的屬性，現在可以直接寫在 class 當中，真的是太方便了，原本按鈕的範例只要補上框限相關的設計，搭配響應式的斷點，就可以自由地搭配想做成的效果喔！

```
<button
      class="flex sm:mx-auto rounded p-2 m-2 bg-yellow-300 hover:bg-green-500
            hover:text-white sm:hover:bg-blue-500 focus:outline-none
            sm:hover:border-white hover:border-dashed hover:border-2
            sm:hover:border-2 border-red-600"
   >
      Hover Me
</button>
<p class="text-center">
   <code class="bg-pink-200 p-1 text-red-500">border-dashed</code>
   v2.2沒有效果需要自行增加屬性,v3.3 可以直接在 class 使用。
</p>
```

▲ 圖 3-39

在 v.2.2 版本的配置檔跟 v3.0 的配置檔也有所差別。

★ V2.2

```
// tailwind.config.js
module.exports = {
  purge: [],
  darkMode: false, // 或 'media' 或 'class'
  theme: {
    extend: {},
  },
  variants: {
    extend: {},
  },
  plugins: [],
};
```

▲ 程 3-40

★ V3.0

```
module.exports = {
  content: [],
  theme: {
    extend: {},
  },
  plugins: [],
}
```

▲ 程 3-41

可以發現少了 variants 的屬性，也不用像 v2.2 版本一直去找要更新的變體，更重要的是翻文件的時間會變得更少，寫熟練之後更能盡情地開發。

3.7 讓 Variants 成為偽類的強大神器

除了之前提到可以自訂 hover 效果外，Tailwind CSS 也很貼心地寫了一個效果 Group-hover。

3.7.1 Group-hover

在介紹 Group-hover 之前，先提一下如果是傳統 CSS 寫法是怎麼完成的。

給個情境，規格書文件內容有以下需求：

1. 要有張卡片。
2. 滑鼠經過時，卡片背景與卡片標題要有醒目的顏色。

身為工程師的你，看到以上需求，相信會很直覺會開始這樣寫：

★HTML

```html
<div class="card">
  <div class="card_title">Card Title</div>
  <p>
    Lorem ipsum dolor, sit amet consectetur adipisicing elit.
    Quisquam repellendus error, qui natus ea quas, aut, ipsa illo
    cupiditate corrupti in quaerat enim. Iusto, impedit? Est saepe
    ratione dolorum officiis?
  </p>
</div>
```

▲ 程 3-42

★CSS

```
.card {
  width: 300px;
  padding: 1%;
  background-color: #eee;
  border-radius: 6px;
}

.card .card_title {
  font-size: 24px;
  font-weight: bold;
  color: #333;
}

.card:hover {
  background-color: #ff0;
}

.card:hover .card_title {
  font-size: 36px;
  color: blue;
}
```

▲ 程 3-43

果然是完成了一個卡片，於滑鼠經過時會有跟規格書一樣的互動。

★Card

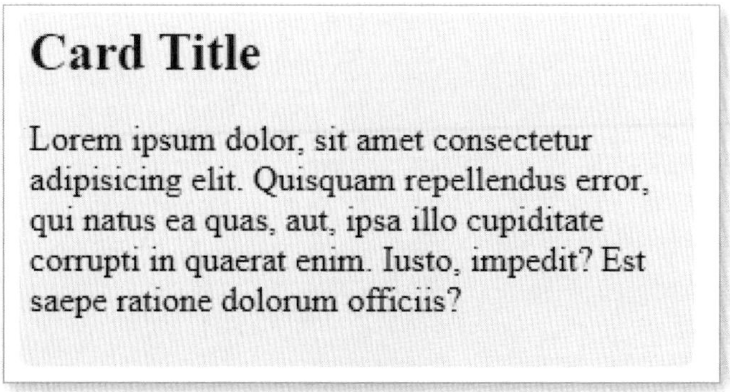

Card Title

Lorem ipsum dolor, sit amet consectetur adipisicing elit. Quisquam repellendus error, qui natus ea quas, aut, ipsa illo cupiditate corrupti in quaerat enim. Iusto, impedit? Est saepe ratione dolorum officiis?

▲ 圖 3-13

★Card hover

Card Title
Lorem ipsum dolor, sit amet consectetur adipisicing elit. Quisquam repellendus error, qui natus ea quas, aut, ipsa illo cupiditate corrupti in quaerat enim. Iusto, impedit? Est saepe ratione dolorum officiis?

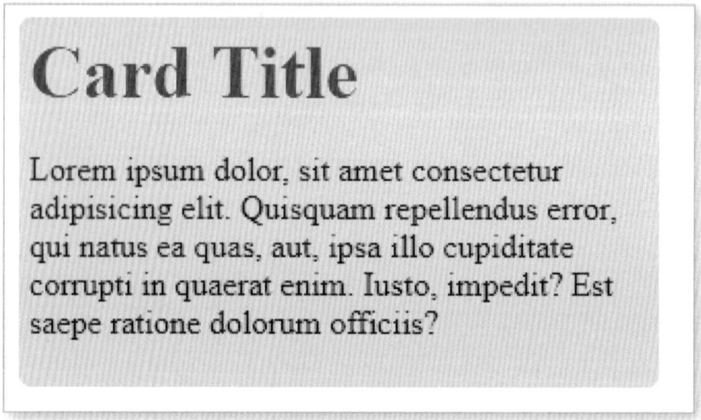

▲ 圖 3-14

對於切版熟手應該是沒什麼問題，但還是回到原本的困擾，需要想命名，要分層去寫效果，若今天拆分元件，可能也無法所有的樣式都共用。

如果又遇到群組化的 hover 樣式，又須要費一番心思去規劃。

此時就可以用 Tailwind CSS 提供的 Group-hover 來設計。

```
<div
  class="
      group
      px-6
      py-5
      w-72
      rounded
      space-y-1
      bg-gray-200
      hover:bg-yellow-200
      "
>
  <div
    class="
      text-2xl text-gray-700
      group-hover:text-blue-800 group-hover:text-4xl
      "
  >
    Card Title
  </div>
  <p>
    Lorem ipsum dolor, sit amet consectetur adipisicing elit. Quisquam
    repellendus error, qui natus ea quas, aut, ipsa illo cupiditate corrupti in
    quaerat enim. Iusto, impedit? Est saepe ratione dolorum officiis?
  </p>
</div>
```

▲ 程 3-44

只要把群組最外層加上一個 group 的 class，裡面的元素只要想有 hover 效果的地方加上 group-hover 的偽類，就能達成一樣的效果，重點是一行 CSS 也不寫，只要專注想要呈現的樣式效果，也不需要想命名，是不是超級方便呢！

原在 v2.0 版本在預設配置檔並沒有加入 group-hover 的樣式，所以要手動加入，但在 v3.0 之後不需要另外設定，直接可以使用。

範例程式碼：https://github.com/hsuchihting/tailwindcss-vue/blob/master/src/views/groupHover.vue

3.7.2 客製化自己的 Variants

在 V2.0 如果今天同個樣式不斷的出現，那就建立一個專屬的 variants 吧！

假設我今天有一個樣式叫做 .banana 要給多個元件共用，可以在 input.css 中加入我要的樣式。

★ input.css

```
@tailwind base;
@tailwind components;
@tailwind utilities;

@variants group-hover,hover,focus {
    .banana {
        color: yellow;
    }
}
```

▲ 程 3-45

此時再進行編譯，會再輸出的 output.css 看見剛剛設定過的樣式內容，

```
.banana {
  color: yellow;
}

.group:hover .group-hover\:banana {
  color: yellow;
}

.hover\:banana:hover {
  color: yellow;
}

.focus\:banana:focus {
  color: yellow;
}
```

▲ 程 3-46

Notice 此方法不能與 JIT 模式共用。

3.8 把重複使用的功能變成元件

雖然前面提到許多 Tailwind CSS 的優點，但這世界上就是有一好沒有兩好，Utility-First 的開發方式固然方便，也免去想命名的困擾，但接續的困擾就是整個 template 會有滿滿的樣式，說實在當頁面複雜度一高，的確是可讀性就降低了，像是如果要做一張比較複雜的圖文卡片，又需要響應式的時候，Template 就會變下方這樣，

```
<div class="max-w-md mx-auto bg-white rounded-xl shadow-md overflow-hidden md:max-w-2xl">
     <div class="md:flex">
          <div class="md:flex-shrink-0">
               <img
                   class="h-48 w-full object-cover md:w-48"
                   src="https://picsum.photos/600/400?pepple=10"
                   alt="Man looking at item at a store"
               />
          </div>
          <div class="p-8">
               <div class="uppercase tracking-wide text-sm text-indigo-500 font-semibold">產品說明文字</div>
               <a href="#" class="block mt-1 text-lg leading-tight font-medium text-black hover:underline">產品名稱要寫在這裡才會清楚明瞭</a>
               <p class="mt-2 text-gray-500">Lorem ipsum dolor sit amet consectetur adipisicing elit. Tempore magnam unde ab sapiente tempora asperiores architecto nam, ad dolore soluta?</p>
          </div>
     </div>
</div>
```

▲ 程 3-47

說實在維護起來的確有點困難，若剛好接手的同事對 Tailwind CSS 不熟，就會花費更多時間，所以若專案中有許多同類型的卡片，可以把相同的樣式抽出來當成元件來使用。

3.8.1 使用 @apply 語法將重複的樣式包裝成元件

雖然 Utility-first 的特性就是會有滿滿的樣式名稱，的確是令人詬病的，但 Tailwind CSS 貼心的讓開發者可以對於重複使用的元件同一功能且可重複使用的方法。例如：我今天開發了一個按鈕樣式，在許多頁面上一錠都會有按鈕，此時就可以改成元件的方式來使用，下方是用 Tailwind CSS 開發的按鈕。

```
<button class="py-2 px-4  bg-green-500  text-white font-semibold rounded-lg shadow-md
hover:bg-green-700 focus:outline-none focus:ring-2 focus:ring-green-400 focus:ring-
opacity-75">確定</button>
```

▲ 程 3-48

由於確定的按鈕會在許多頁面使用到，如果一開始接觸 Tailwind CSS，光是要找按鈕在哪裡，就會花點時間，官方建議使用 @layer 圖層的屬性，去告訴框架，我是要在 component 的裡面去更新或覆寫預設樣式，再來可以把原本按鈕的樣式名稱用 @apply 包裝，寫在 Tailwind CSS 預設的 input.css 裡面。

如果也是跟我一樣是平面設計轉職的朋友，相信用圖層的方式去理解應該滿快速的。

★ Input.css

```
/* ./your-css-folder/input.css */
@tailwind base;
@tailwind components;
@tailwind utilities;

@layer components{
  .btn-green {
    @apply py-2 px-4 bg-green-500 text-white font-semibold rounded-lg shadow-md;
  }
  .btn-green:hover {
    @apply bg-green-700;
  }
  .btn-green:focus {
    @apply outline-none ring-2 ring-green-400 ring-opacity-75;
  }
}
```

▲ 程 3-49

這邊我把確定的按鈕樣式整理我要的樣式後，統一命名稱 btn-green，最後確定按鈕就會變成下方這樣。

```
<button class="btn-green">確定</button>
```

▲ 程 3-50

此時又會回頭說，這樣不就又變成要想名稱的方式嗎？雖然專案會因為越來越複雜，濃縮樣式變成統一命名讓 template 更為簡潔，而且類似 SCSS 元件化的設計模式，讓會用到「確認」按鈕都可以透過這個樣式名稱直接套上按鈕樣式。完成規劃後進行編譯就可以直接看到效果，如果想要再多檢查一下，可以到編譯後的 output.css 檔案去看一下編譯後的結果。

```
.btn-green {
  border-radius: 0.5rem;
  --tw-bg-opacity: 1;
  background-color: rgba(16, 185, 129, var(--tw-bg-opacity));
  padding-top: 0.5rem;
  padding-bottom: 0.5rem;
  padding-left: 1rem;
  padding-right: 1rem;
  font-weight: 600;
  --tw-text-opacity: 1;
  color: rgba(255, 255, 255, var(--tw-text-opacity));
  --tw-shadow: 0 4px 6px -1px rgba(0, 0, 0, 0.1), 0 2px 4px -1px rgba(0, 0, 0, 0.06);
  box-shadow: var(--tw-ring-offset-shadow, 0 0 #0000), var(--tw-ring-shadow, 0 0
#0000), var(--tw-shadow);
}

.btn-green:hover {
  --tw-bg-opacity: 1;
  background-color: rgba(4, 120, 87, var(--tw-bg-opacity));
}

.btn-green:focus {
  outline: 2px solid transparent;
  outline-offset: 2px;
  --tw-ring-offset-shadow: var(--tw-ring-inset) 0 0 0 var(--tw-ring-offset-width) var(-
-tw-ring-offset-color);
  --tw-ring-shadow: var(--tw-ring-inset) 0 0 0 calc(2px + var(--tw-ring-offset-width))
var(--tw-ring-color);
  box-shadow: var(--tw-ring-offset-shadow), var(--tw-ring-shadow), var(--tw-shadow, 0 0
#0000);
  --tw-ring-opacity: 1;
  --tw-ring-color: rgba(52, 211, 153, var(--tw-ring-opacity));
  --tw-ring-opacity: 0.75;
}
```

▲ 程 3-51

雖然最後還是變成命名的樣式名稱，但這個過程是不同的，是將已經確定好樣式的內容整合成一個元件名稱，與傳統 CSS 先想命名再想樣式內容的方式不同，也透過 Tailwind CSS 各樣預設好的樣式省去許多去找顏色或是間距的困擾，所以在開發上還是非常有效率的。

3.8.2 元件相同時，把共用樣式拉出來

前面有提到有共同樣式時，可抽出共用樣式，延續前面的範例，如果現在畫面有兩個按鈕，一個是綠色，一個是藍色，那可以變成這樣。

```
@layer components{
  .btn-green {
    @apply py-2 px-4 bg-green-500 text-white font-semibold rounded-lg shadow-md;
  }
  .btn-green:hover {
    @apply bg-green-700;
  }
  .btn-green:focus {
    @apply outline-none ring-2 ring-green-400 ring-opacity-75;
  }

  .btn-blue {
    @apply py-2 px-4 bg-blue-500 text-white font-semibold rounded-lg shadow-md;
  }
  .btn-blue:hover {
    @apply bg-blue-700;
  }
  .btn-blue:focus {
    @apply outline-none ring-2 ring-blue-400 ring-opacity-75;
  }
}
```

▲ 程 3-52

其實就是複製同一串樣式，然後把顏色改掉，如此而已。可是假設畫面有五個不同顏色的按鈕，顏色的樣式要改五次，如果有二十個同樣的按鈕，就要寫二十次，這樣好像不太對。

此時可以把元件再抽共用元件來實現，這個 Bootstrap 有異曲同工之妙，也就是可以把按鈕的共同樣式再拆出來，變成 .btn 去但讀處理按鈕，顏色之後再補上，以綠色按鈕與藍色按鈕樣式為例。

★HTML

```
<button class="btn btn-green">我是綠色</button>
<button class="btn btn-blue">我是藍色</button>
```

▲ 程 3-53

★CSS

```
@layer components {
    .btn {
        @apply py-2 px-4 text-white font-semibold rounded-lg shadow-md;
    }
    .btn:focus {
        @apply outline-none ring-2 ring-opacity-75;
    }
    .btn-green {
        @apply bg-green-500;
    }
    .btn-green:hover {
        @apply bg-green-700;
    }
    .btn-green:focus {
        @apply ring-green-400;
    }

    .btn-blue {
        @apply bg-blue-500;
    }
    .btn-blue:hover {
        @apply bg-blue-700;
    }
    .btn-blue:focus {
        @apply ring-blue-400;
    }
}
```

▲ 程 3-54

雖然看起來樣式變多了，可是細看會發現每個元件都單純管理自己的內容，這樣要修正相對好變動，不用擔心改錯了，其他樣式也被影響，建議維持檢查編譯後的樣式是否有正確匯出。

★ output.css

```
.btn {
  border-radius: 0.5rem;
  font-weight: 600;
  padding-top: 0.5rem;
  padding-bottom: 0.5rem;
  padding-left: 1rem;
  padding-right: 1rem;
  --tw-shadow: 0 4px 6px -1px rgba(0, 0, 0, 0.1), 0 2px 4px -1px rgba(0, 0, 0, 0.06);
  box-shadow: var(--tw-ring-offset-shadow, 0 0 #0000), var(--tw-ring-shadow, 0 0
#0000), var(--tw-shadow);
  --tw-text-opacity: 1;
  color: rgba(255, 255, 255, var(--tw-text-opacity));
}

.btn:focus {
  outline: 2px solid transparent;
  outline-offset: 2px;
  --tw-ring-offset-shadow: var(--tw-ring-inset) 0 0 0 var(--tw-ring-offset-width)
var(--tw-ring-offset-color);
  --tw-ring-shadow: var(--tw-ring-inset) 0 0 0 calc(2px + var(--tw-ring-offset-
width)) var(--tw-ring-color);
  box-shadow: var(--tw-ring-offset-shadow), var(--tw-ring-shadow), var(--tw-shadow, 0
0 #0000);
  --tw-ring-opacity: 0.75;
}

.btn-green {
  --tw-bg-opacity: 1;
  background-color: rgba(16, 185, 129, var(--tw-bg-opacity));
}

.btn-green:hover {
  --tw-bg-opacity: 1;
  background-color: rgba(4, 120, 87, var(--tw-bg-opacity));
}

.btn-green:focus {
  --tw-ring-opacity: 1;
  --tw-ring-color: rgba(52, 211, 153, var(--tw-ring-opacity));
}
```

```css
.btn-blue {
  --tw-bg-opacity: 1;
  background-color: rgba(59, 130, 246, var(--tw-bg-opacity));
}

.btn-blue:hover {
  --tw-bg-opacity: 1;
  background-color: rgba(29, 78, 216, var(--tw-bg-opacity));
}

.btn-blue:focus {
  --tw-ring-opacity: 1;
  --tw-ring-color: rgba(96, 165, 250, var(--tw-ring-opacity));
}
```

▲ 程 3-55

確認無誤後，畫面也有成功渲染了！

3.9 新增自己的 Utility

Tailwind CSS 預設的樣式已經非常好用，但為了可以給客戶更貼近的客製化樣式，可以自訂義想要的樣式，以下就來介紹如何自訂義 Utility 吧！

3.9.1 新增功能起手式

使用官方範例，可以看到跟新增元件的概念相似，告訴 input.css 要新增或覆寫哪一個圖層的內容，然後在裡面再撰寫想要的樣式內容。這邊想要自訂義 Utility，三個核心元件其中一個就是 Utilities，所以要把自訂義的 Utility 寫在這個圖層內。

★input.css

```
@tailwind base;
@tailwind components;
@tailwind utilities;

@layer utilities {
    .scroll-snap-none {
        scroll-snap-type: none;
    }
    .scroll-snap-x {
        scroll-snap-type: x;
    }
    .scroll-snap-y {
        scroll-snap-type: y;
    }
}
```

▲ 程 3-56

已經將自訂的功能樣式寫好了，前面有提到要有確認編譯後是否有正確匯出，結果發現，output.css 沒有這個 class。原來是我沒有再 template 寫出相對應的 class，沒有辦法成功編譯在 output.css 來使用，所以記得要把自訂義的 class 寫在 HTML 上才能成功使用自訂義的 Utility。

3.9.2 支援原本的 variants 的功能

在 v2.0 版本如果要加上響應式的方法，需要在 Utilities 的圖層加上 variants responsive，告訴此自訂義功能需要符合響應式，在 template 自訂義的功能加上斷點，編譯後才能讓自訂義功能支援響應式的語法。

```
@tailwind base;
@tailwind components;
@tailwind utilities;

@layer utilities {
    @variants responsive { /*加在這邊*/
      .scroll-snap-none {
        scroll-snap-type: none;
      }
      .scroll-snap-x {
        scroll-snap-type: x;
      }
      .scroll-snap-y {
        scroll-snap-type: y;
      }
    }
  }
```

▲ 程 5-37

原 v2.0 的 variants 語法於 v3.0 都已經開放使用並棄用 variants 的設定，所以不需要像 v2.0 一樣自訂義響應式語法，可直接在 template 使用。

```
@tailwind base;
@tailwind components;
@tailwind utilities;

@layer utilities {
    .scroll-snap-none {
        scroll-snap-type: none;
    }
    .scroll-snap-x {
        scroll-snap-type: x;
    }
    .scroll-snap-y {
        scroll-snap-type: y;
    }
}
```

▲ 程 5-38

記得 template 也要加上相對應的 class 與響應式的斷點樣式。

```
<div class="scroll-snap-none sm:scroll-snap-x"></div>
```

▲ 程 5-39

編譯後會看到 output.css 也匯出成功了。

```
.scroll-snap-none {
  -ms-scroll-snap-type: none;
      scroll-snap-type: none;
}

.scroll-snap-x {
  -ms-scroll-snap-type: x;
      scroll-snap-type: x;
}

.scroll-snap-y {
  -ms-scroll-snap-type: y;
      scroll-snap-type: y;
}

.sm\:scroll-snap-x {
  -ms-scroll-snap-type: x;
      scroll-snap-type: x;
}
```

▲ 程 3-60

3.9.3 新增偽類效果

既然可以自訂義功能，當然也可以自訂義偽類效果，v2.0 需要在 input.css 中加上 @variants hover, focus

而網頁上最常出現偽類效果的不外乎就是按鈕滑鼠經過會有顏色轉換的提示，從紅色變為更深的紅色，點擊 focus 的時候邊框也會有效果。

★v2.0 的設定

```
@tailwind base;
@tailwind components;
@tailwind utilities;

@layer utilities {
    @variants responsive {
        /*加在這邊*/
        @variants hover, focus {
            .btn {
                @apply px-4 py-2 rounded border-transparent text-white;
            }
            .btn-red {
                @apply bg-red-500 border-red-600 border-2;
            }
            .btn-hover {
                @apply bg-red-700;
            }
            .btn-focus {
                @apply border-red-400 border-2;
            }
        }
    }
}
```

▲ 程 3-61

★V3.0 的設定

```
@tailwind base;
@tailwind components;
@tailwind utilities;

@layer utilities {
    /*加在這邊*/
    .btn {
        @apply px-4 py-2 rounded border-transparent text-white;
    }
    .btn-red {
        @apply bg-red-500 border-red-600 border-2;
    }
    .btn-hover {
        @apply bg-red-700;
    }
    .btn-focus {
        @apply border-red-400 border-2;
    }
}
```

▲ 程 3-62

如前面自訂義 Utility 一樣在 v3.0 版本不需要加上 variants 這個語法了。設定完後一樣要編譯，並且看一下是否有跟預期的相同？

★output.css

```
.btn {
  border-radius: 0.25rem;
  border-color: transparent;
  padding-left: 1rem;
  padding-right: 1rem;
  padding-top: 0.5rem;
  padding-bottom: 0.5rem;
  --tw-text-opacity: 1;
  color: rgb(255 255 255 / var(--tw-text-opacity));
}

.btn-red {
  border-width: 2px;
  --tw-border-opacity: 1;
  border-color: rgb(220 38 38 / var(--tw-border-opacity));
  --tw-bg-opacity: 1;
  background-color: rgb(239 68 68 / var(--tw-bg-opacity));
}

.btn-hover {
  --tw-bg-opacity: 1;
  background-color: rgb(185 28 28 / var(--tw-bg-opacity));
}

.btn-focus {
  border-width: 2px;
  --tw-border-opacity: 1;
  border-color: rgb(248 113 113 / var(--tw-border-opacity));
}
```

▲ 程 3-63

最後記得要在 template 把設定好的樣式加上去。

```
<button class="btn btn-red hover:btn-hover focus:btn-focus">custom utility</button>
```

▲ 程 3-64

範例程式碼：https://github.com/hsuchihting/tailwindcss-vue/blob/master/src/style/index.css

3.10 使用官方套件定義樣式

前面我們學會了如何客製自己的樣式、元件化與模組化。官方也有給現成的套件讓開發者可以快速定義想要的基本樣式，讓開發上更有效率，以下會用 typography 排版套件與 Form 表單套件做範例，其他套件的用法為大同小異。

3.10.1 官方套件起手式

首先打開 tailwind.config.js 配置檔，把要引入的官方套件寫在 plugins 的陣列裡，使用 plugin() 這個方法，裡面放一個函式，參數是用物件的方式做表示，設定完成後，記得要宣告這個方法才能使用套件，如下方範例。

```
const plugin = require("tailwindcss/plugin");

module.exports = {
  plugins: [
    plugin(function ({ addUtilities, addComponents, e, prefix, config }) {
      // Add your custom styles here
    }),
  ],
};
```

▲ 程 3-65

參數說明：

- addUtilities()： 註冊新的功能樣式。
- addComponents()： 註冊新的元件樣式。
- addBase()： 註冊新的基本樣式。
- addVariant()： 註冊自定義變體。
- theme()： 找尋使用者在主題已配置的值。
- variants()： 找尋使用者在變體中已配置的值。

由範例可以知道要宣告套件以及設定套件才能使用其樣式，但是官方套件在哪裡？別急，現在就來說明如何使用，對我自己來說開發網頁最常用到的就是排版規劃以及表單樣式，很多後台介面都離不開這兩個元素，所以我最常使用就是這兩個套件，趕緊來看一下 typography 排版套件怎麼使用吧！

3.10.2 typography 排版套件

輸入安裝套件指令：

```
npm install -D @tailwindcss/typography
```

▲ 程 3-66

貼上 require('@tailwindcss/typography')，意思是說

將套件新增到 tailwind.config.js 的 plugins 的陣列內，

```
// tailwind.config.js
module.exports = {
  theme: {
    // ...
  },
  plugins: [
    require('@tailwindcss/typography'),
    // ...
  ],
}
```

▲ 程 3-67

這邊發現沒有另外宣告變數去引入套件，因為套件已經安裝在本機上，所以只要用配置檔去讀取套件即可，這樣就可以使用了。

使用 typography 排版套件需要注意在 template 上需使用 prose 後面再加上文字的尺寸，例如下方範例：

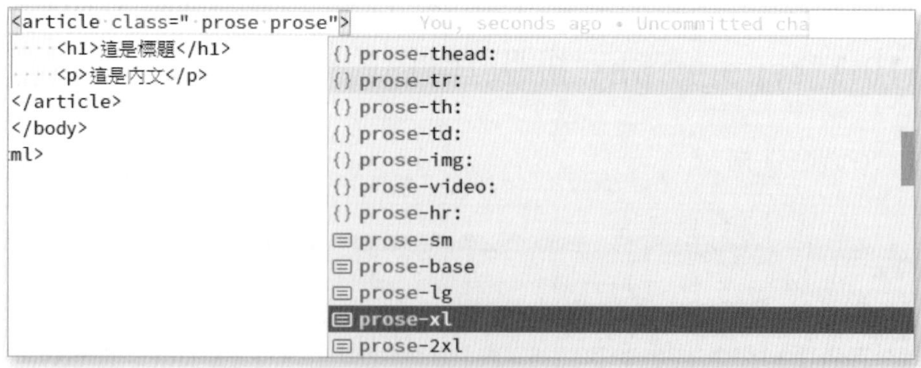

▲ 圖 3-15

可以看到透過智能提示 prose 屬性中有很多可以選擇，除了可以直接選擇排版樣式外，可以看到還可以選擇 tr 或是 img 等標籤去做網頁排版的規劃，相當方便，我們先選一個 prose-xl，前面加上 sm 的斷點，代表手機板以上會有效果，

★HTML

```
<article class=" prose sm:prose-xl">
        <h1>這是標題</h1>
        <p>這是內文這是內文這是內文這是內文這是內文這是內文</p>
</article>
```

▲ 程 3-68

範例是使用 chrome 瀏覽器，來看看網頁做了什麼事情。

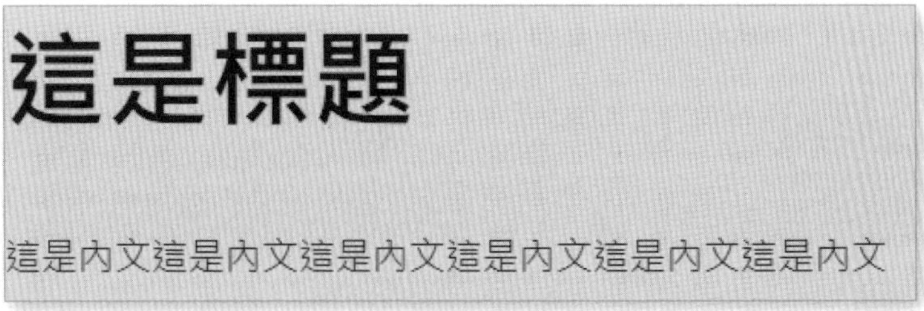

這是標題

這是內文這是內文這是內文這是內文這是內文這是內文

▲ 圖 3-16

Typography 套件已經幫我設定好文字的大小了，對於設計苦手來說真的是一大福音，不必為了文字大小而煩惱，打開開發人員工具的確也看到網頁有吃到 prose 的屬性並套用在所需要的標籤上。

```
...     <h1>這是標題</h1> == $0
        <p>這是內文這是內文這是內文這是內文這是內文這是內文</p>
      </article>
html  body.bg-gray-300  article..prose.sm\:prose-xl  h1
Styles  Computed  Layout  Event Listeners  DOM Breakpoints  Properties  Accessibility
Filter                                                      :hov  .cls  +
}
@media (min-width: 640px)
.sm\:prose-xl :where(h1):not(:where([class~="not-prose"] *)) {       output.css:1203
  font-size: 2.8em;
  margin-top: 0;
  margin-bottom: 0.8571429em;
  line-height: 1;
}
.prose > :where(:first-child):not(:where([class~="not-prose"] *)) {   output.css:871
  margin-top: 0;
}
.prose :where(h1):not(:where([class~="not-prose"] *)) {               output.css:577
  color: var(--tw-prose-headings);
  font-weight: 800;
  font-size: 2.25em;
  margin-top: 0;
  margin-bottom: 0.8888889em;
  line-height: 1.1111111;
}
```

▲ 圖 3-17

3.10.3 提供五種基礎字體大小與顏色

排版官方套件提供了五種字體大小可以使用，

Class	Body font size
`prose-sm`	0.875rem *(14px)*
`prose-base` *(default)*	1rem *(16px)*
`prose-lg`	1.125rem *(18px)*
`prose-xl`	1.25rem *(20px)*
`prose-2xl`	1.5rem *(24px)*

▲ 圖 3-18

還有五種顏色可以使用，

Class	Gray scale
`prose-gray` (default)	Gray
`prose-slate`	Slate
`prose-zinc`	Zinc
`prose-neutral`	Neutral
`prose-stone`	Stone

▲ 圖 3-19

3.11.3 支援深色模式

任何一種的顏色主題都含有手動深色模式，使用 prose-invert 前面加上 dark 前 詞就可以完成支援，記得要開啟深色模式才能使用。

```
<article class="prose dark:prose-invert">
 ...
</article>
```

▲ 程 3-69

3.10.4 Forms 表單官方套件

Forms 表單的官方套件非常好用，如果專案沒有特別需要客製什麼特殊的樣式，可以套用 Form 套件就能讓表單變得很美喔！並且還會加上一些 focus 的基本效果，不須另外設定，超級方便的，接下來就來介紹如何使用 Form 套件並完成下方表單吧！

▲ 圖 3-20

看到上方的表單，相信已經有 CSS 基礎的您一定可以很輕易地切出上方表單，前面介紹 Tailwind CSS 是高客製化的 CSS 框架，那為什麼還要使用 Form 套件呢？雖然 Tailwind CSS 非常強大，想做什麼樣式就做什麼樣式，但還是有其限制在，其中一個理由就是在做下拉選單 select 功能的倒三角形提示符號，如果傳統 CSS 要做這個效果其實有點麻煩，因為原生的 select 的提示符號無法修改，需要另外使用別的 icon 引入，並且額外寫很多 CSS 來優化界面。

```
<select name="" id="" class="border-gray-400 border-2 p-2 w-20 mt-10">
        <option value="">123</option>
</select>
```

▲ 程 3-70

就算引入 Tailwind CSS 框架來處理畫面，但下拉選的提示符號還是很貼邊框，沒有很好看。

▲ 圖 3-21

此時 Form 套件不僅解決了 select 提示符號的問題，也把所有的表單風格統一，省時又省腦力。

輸入以下指令安裝 Form 套件，

```
npm install -D  @tailwindcss/forms
```

▲ 程 3-71

安裝完後記得要在 tailwind.config.js 配置檔把套件引入，

```
module.exports = {
  content: ["./**/*.html", "./src/**/*.css", "./js/**/*.js"],
  theme: {
    extend: {},
  },
  plugins: [
      require('@tailwindcss/typography'), //typography 排版套件
      require("@tailwindcss/forms") //Form 表單套件
  ],
};
```

▲ 程 3-72

安裝與設定完成後記得編譯，並按照上方表單的內容切版，

```
 <div class="ml-5 sm:w-96">
      <label class="block mb-3">
            <input type="text" class="w-full rounded-md" placeholder="請輸入姓名" />
      </label>
      <label class="block mb-3">
            <input type="checkbox" name="" id="" />
            <span class="pl-2">複選題</span>
      </label>
      <label class="block mb-3">
            <input type="radio" name="" id="" />
            <span class="pl-2">單選題</span>
      </label>
      <label class="block mb-3">
            <input type="date" name="" id="" class="w-full rounded-md" />
      </label>
      <label class="block mb-3">
            <input type="email" name="" id="" class="w-full rounded-md"
placeholder="name@email.com" />
      </label>
      <label class="block mb-3">
            <select name="" id="" class="w-full rounded-md">
                  <option value="">--請選擇--</option>
                  <option value="1">--項目一--</option>
                  <option value="2">--項目二--</option>
            </select>
      </label>
      <label class="block">
            <textarea name="" id="" cols="30" rows="10" class="w-full rounded-md"
placeholder="在想些什麼..."></textarea>
      </label>
</div>
```

▲ 程 3-73

這樣就完成各種表單的類型囉！範例只取了幾個常用的樣式來切，基本表單意識 Tailwind CSS 幾乎都能套用樣式，但仍有少部分的 type 尚未支援，官方表示會陸續增加，另外，官方表示此套件要視為「表單重置」的概念去顯示表單的 layout，但如果專案需求的關係，可能會有超乎套件規則的狀況時，可以使用定義 strategy: 'class' 的方式來建構表單，意思就是說，就算安裝 Form 套件，也不會整個專案表單都會套上套件的樣式，而是需要再輸入 class 來建構表單。

如果要在部分頁面才需要套用 Form 套件，可以再配置檔引入套件的地方加入 strategy: 'class'。

```
module.exports = {
    content: ["./**/*.html", "./src/**/*.css", "./js/**/*.js"], //寫在這裡
    theme: {
        extend: {},
    },
    plugins: [
        require("@tailwindcss/typography"),
        require("@tailwindcss/forms")({
            strategy: "class", //加在這裡
        }),
    ],
};
```

▲ 程 3-74

記得要在套件後面加上一個小括弧裡面放入物件的方式呈現，要使用的時候要在 class 的最前面輸入 form-* 的 class name 方能使用，如下範例：

```
<input type="email" class="form-input px-4 py-3 rounded-full">

<select class="form-select px-4 py-3 rounded-full">
  <!-- ... -->
</select>

<input type="checkbox" class="form-checkbox rounded text-pink-500" />
```

▲ 程 3-75

而官方套件很貼心地也幫開發者整理出相對應表格做對照。

Base	Class
[type='text']	form-input
[type='email']	form-input
[type='url']	form-input
[type='password']	form-input
[type='number']	form-input
[type='date']	form-input
[type='datetime-local']	form-input
[type='month']	form-input
[type='search']	form-input
[type='tel']	form-input
[type='time']	form-input
[type='week']	form-input
textarea	form-textarea
select	form-select
select[multiple]	form-multiselect
[type='checkbox']	form-checkbox
[type='radio']	form-radio

▲ 圖 3-22

範例程式碼：https://github.com/hsuchihting/tailwindcss-vue/blob/master/src/views/plugins.vue

3.11 自訂 addBase 與 theme 主題

3.11.1 自訂 addBase 套件

前面有提到可以自訂 Base 樣式去覆蓋預設的 CSS，除了覆蓋的方式外，若專案的樣式內容是與設計師或客戶討論決議的，又與預設和套件的格式不同的話，就可以使用 addBase 做使用，並且這些都是專案中許多頁面都會使用到的樣式。例如專案會使用不同的標題樣式，許多的頁面都會用到，此時就可以特別制定標題的標籤，這樣只需要設定一次，就不會一直重工做相同的事情，直接看範例。

這次要使用 addBase 這個函式設定三種不同標題的字體大小。

```
const plugin = require("tailwindcss/plugin");//記得要引入新增的套件

module.exports = {
    content: ["./**/*.html", "./src/**/*.css", "./js/**/*.js"],
    plugins: [
        require("@tailwindcss/typography"),
        require("@tailwindcss/forms"),
        //套件
        plugin(function ({ addBase, theme }) {
            addBase({
                h1: { fontSize: theme("fontSize.2xl") },
                h2: { fontSize: theme("fontSize.xl") },
                h3: { fontSize: theme("fontSize.lg") },
            });
        }),
    ],
};
```

▲ 程 3-76

如範例所示，在 plugins 的陣列中使用 plugin 的方法，並執行一個函式，函式要放入兩個參數，第一個參數是註冊 addBase 的方法，後面是要修改的地方。

函式中要呼叫 addBase 方法，其裡面也是用物件的方式呈現，修改 h1 的字體 fontSize Utility，也是用物件的方式呈現，並呼叫 theme 方法，裡面使用字串，這邊要注意的地方，不是用 dash(-) 來新增字體大小 fontSize-2xl，而是用句點 (.) fontSize.2xl 去新增字體大小。

設定完成後，記得要宣告這個套件要可以使用，並且在 template 上輸入 h1、h2 與 h3 就可以看到設定的大小囉！

```
<h1>這是 h1 標題</h1>
<h2>這是 h2 標題</h2>
<h3>這是 h3 標題</h3>
```

▲ 程 3-77

如網頁呈現如下圖所示：

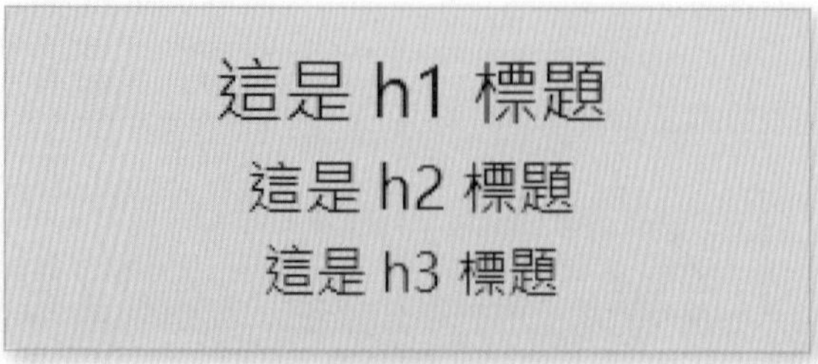

這是 h1 標題

這是 h2 標題

這是 h3 標題

▲ 圖 3-23

範例程式碼：https://github.com/hsuchihting/tailwindcss-vue/blob/master/src/views/addBase.vue

3.11.2 自訂主題 theme

在前面的章節有提到可以透過指令看到完整的配置檔預設值，既然 Tailwind CSS 主打高客製化框架，當然也可以透過配置檔的 theme 屬性，定義專案適合的屬性內容，如下方範例。

```
const plugin = require("tailwindcss/plugin");

module.exports = {
    content: ["./**/*.html", "./src/**/*.css", "./js/**/*.js"], //寫在這裡
    theme: {
        colors: {
            blue: "#1fb6ff",
            pink: "#ff49db",
            orange: "#ff7849",
            green: "#13ce66",
            grayDark: "#273444",
            gray: "#8492a6",
            grayLight: "#d3dce6",
        },
    },
    plugins: [
        require("@tailwindcss/typography"),
        require("@tailwindcss/forms"),
        plugin(function ({ addBase, theme }) {
            addBase({
                h1: { fontSize: theme("fontSize.2xl") },
                h2: { fontSize: theme("fontSize.xl") },
                h3: { fontSize: theme("fontSize.lg") },
            });
        }),
    ],
};
```

▲ 程 3-78

由上方可以看到我在 theme 的屬性內加上要自定義的 colors 顏色，用物件的方式呈現，定義好的顏色我就可以使用在任何一個需要顏色的 utility，延續原本修改字體的程式碼，我可以把文字顏色套上剛剛定義好的顏色，就可以立即使用。

```
<h1 class="text-green">改過顏色的 h1 標題</h1>
<h2 class="text-orange">改過顏色的 h2 標題</h2>
<h3 class="text-grayDark">改過顏色的 h3 標題</h3>
```

▲ 程 3-79

除了文字外，背景或是框線都可以按照原本的方式撰寫，只要把後面的顏色替換程自定義的顏色名稱就可以對應到囉！

配置檔範例程式碼：https://github.com/hsuchihting/tailwindcss-vue/blob/master/tailwind.config.js

04 JIT 模式 (Just In Time Mode) 介紹

4.1 關於 JIT 模式

JIT（Just in Time Mode）是在 Tailwind CSS v2.1 以後才出現的功能，未來此框架開發也會圍繞在這個功能上，如果有試玩的朋友就會發現這個功能真是相當酷炫，所以如果專案沒有特別要求要支援 IE 的話，建議都直接更新到最新版本，因為有用跟沒有差非常多，v2.1 以前的版本是沒有支援 JIT 模式，所以開發時這一點非常需要注意！

4.2 為什麼要使用 JIT 模式

練習至今有發現如果我修改很多 template 的東西，就會需要重新編譯專案，如果專案一大，編譯的時間就會很久，而在開發專案的過程必定會不斷地修改切版的內容，如果每次修改後都會因為編譯時間長而降低開發的效率，導致產出量能不佳，這樣原本這麼好用的切版框架，反而就變成不好用了。

4.3 JIT 模式設定

打開 tailwind.config.js 檔案，然後加上 mode:"jit"，這樣就可以了。

```
const plugin = require("tailwindcss/plugin");

module.exports = {
    mode:'jit', //使用 jit 模式
    content: ["./**/*.html", "./src/**/*.css", "./js/**/*.js"],
    theme: {
        colors: {
            blue: "#1fb6ff",
            pink: "#ff49db",
            orange: "#ff7849",
            green: "#13ce66",
            grayDark: "#273444",
            gray: "#8492a6",
            grayLight: "#d3dce6",
        },
    },
    plugins: [
        require("@tailwindcss/typography"),
        require("@tailwindcss/forms"),
        plugin(function ({ addBase, theme }) {
            addBase({
                h1: { fontSize: theme("fontSize.2xl") },
                h2: { fontSize: theme("fontSize.xl") },
                h3: { fontSize: theme("fontSize.lg") },
            });
        }),
    ],
};
```

▲ 程 4-1

在使用 JIT 模式之前，專案編譯的速度與時間會大概是：

```
> @ build C:\Users\timal\Desktop\side_project\TailwindCSSDemo
> npx tailwindcss -i ./src/input.css -o ./dist/output.css


Done in 272ms.
```

▲ 圖 4-1-1

使用 JIT 模式後，可以看見執行速度有變快了，

```
> @ build C:\Users\timal\Desktop\side_project\TailwindCSSDemo
> npx tailwindcss -i ./src/input.css -o ./dist/output.css


Done in 266ms.
```

▲ 圖 4-1-2

看到這邊會覺得好像沒有快很多，何必使用此功能，因為書中範例的專案目前內容都偏簡單，尚未有複雜的頁面與功能，故差距較小，可是當專案式系統專案時，要執行與編譯的東西就會非常大量，此時 JIT 模式就會顯出它超有效率的執行速度，搭配本書要使用的 Vue3 + Vue CLI 的時候，更可以體驗 JIT 的好處。

4.4 JIT 模式的有趣功能

在 v2.2 推出了 JIT 模式，未來框架的更新與發展也都會圍繞在 JIT 模式上，在 v3.0 版本也推出在 CDN 是直接可以使用 JIT 模式，連安裝都不必了 (當然建議安裝框架在正式專案上)。除了開發上更有效率外，以下也介紹一些有趣的功能。

4.4.1 支持偽元素

我們都知道透過偽元素可以完成許多樣式的設定，傳統寫偽元素的方式如下：

```
<--template-->
<div>----</div>

/*css*/
div::before {
  content: "before";
  background-color: #b2ebf2;
  padding: 1%;
}

div::after {
  content: "after";
  background-color: #ffccbc;
  padding: 1%;
}
```

▲ 程 4-2

雖然 template 很簡潔，CSS 也不難，但要切兩支檔案對照，還是有點麻煩，用 Tailwind CSS 撰寫後會變這樣：

```
<div
  class="
        text-gray-700
        before:text-white
        after:text-white
        before:p-2
        after:p-2
        before:content-['before'] before:block before:bg-blue-500
        after:flex after:bg-pink-300 after:content-['after']"
>
  ----
</div>
```

▲ 程 4-3

可以看到這裡直接可以使用偽元素，雖然 template 的 class 名稱變多了，但很直觀的可以去思考我偽元素要怎麼配置，還有看到 content 的似乎做了件沒看過的事情，這也是使用 JIT 的獨有撰寫方式，讓開發上相當直覺，倘若有其他共同會使用到此偽元素的地方，還可以依照前面提到整理共用樣式的方式來處理。

4.4.2 透明度

如果有一個需求要寫半透明背景，第一個會想到使用 opacity 這個屬性，在沒有使用 JIT 模式的話會這樣寫，

```
<div
  class="bg-red-500 bg-opacity-25 w-20 h-20 flex justify-center items-center"
>
  透明度
</div>
```

▲ 程 4-4

但如果開啟 JIT 的話可以這樣寫：

```
<div class="bg-red-500/25 w-20 h-20 flex justify-center items-center">
  透明度
</div>
```

有發現一件事嗎？竟然可以直接在背景的顏色濃度上面做運算，超級方便，不用一個一個數值做嘗試。

4.4.3 使用變數的方式來改變顏色、字體或任何屬性值

這個功能很有意思，就如前面在寫偽元素的時候，相信已經發現接下來要說的東西了，有點類似在 SCSS 使用變數的方式，但又更加彈性，有兩種可以改變樣式的方法。

4.4.3.1 定義變數後直接在 template 上使用

先到 input.css 中，在核心區塊上方命名一個 class 叫做 root，並且給予幾個變數如下：

```
:root {
  --color: #fff;
  --bgc: #3e3e3e;
  --fontSize: 24px;
}

@tailwind base;
@tailwind components;
@tailwind utilities;
```

▲ 程 4-6

其中在 root 裡面設定三個變數，變數前面要使用兩個 dash（--），不能使用 $ 字號或是 _ 下底線等符號，會無法成功命名變數。

設定完後，在把變數引入定義好的 class 中，這邊先定義為 title，要使用定義好的變數，要在屬性值中加上 var(變數名稱)，才能正確使用變數的設定值，例如下方範例：

```
:root {
  --color: #fff;
  --bgc: #3e3e3e;
  --fontSize: 24px;
}

@tailwind base;
@tailwind components;
@tailwind utilities;

.title {
  color: var(--color);
  background-color: var(--bgc);
  font-size: var(--fontSize);
}
```

▲ 程 4-7

template 就可以直接帶入定義好的樣式名稱，如下範例：

```
<h2 class="title">使用變數</h2>
```

4.4.3.2 直接在 template 上使用變數

以另一個方式直接在 template 使用定義好的變數，但 template 無法直接辨別變數是什麼，所以要在不同的變數前面加上 length、color、angle、list，才會知道讀取的內容是什麼，以上方範例來改寫的話會變成下方這樣，

```
<h2
  class="bg-[color:var(--bgc)] text-[color:var(--color)] text-[length:var(--
fontSize)]"
>
  使用變數2
</h2>
```

▲ 程 4-9

但我自己比較少用這種方式撰寫，因專案關係，很多還是會寫成元件或模組化。

4.5.4 修改 input 游標

<input> 標籤不管在前後台專案都會頻繁使用，其中就是萬年不變的黑色閃爍游標，透過 Tailwind CSS 也可以在 focus 的時候將游標顏色修改。

```
<input
  type="text"
  class="caret-red-400 p-2 border-2 focus:border-blue-300 focus:outline-none"
/>
```

▲ 程 4-10

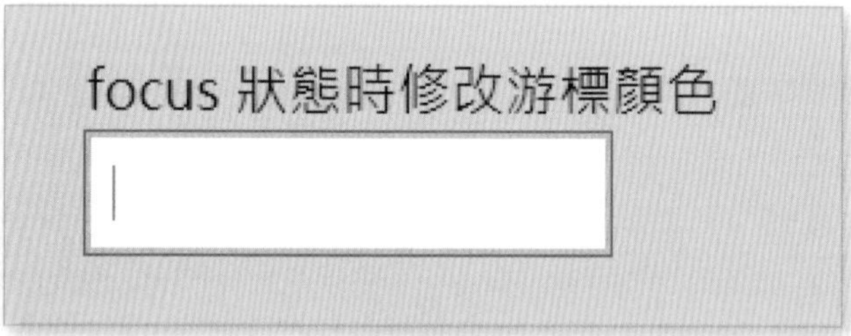

focus 狀態時修改游標顏色

▲ 圖 4-2

範例程式碼：https://github.com/hsuchihting/tailwindcss-vue/blob/master/src/views/jit.vue

4.5 JIT 的最新功能

上一章節提到幾個我自己常用的 JIT 功能外，在 Tailwind CSS 3.0 還有以下新功能。

- 全面開啟 JIT 模式：能快速地建立專案，能自由組合 variants，支持任一屬性，以及更好的瀏覽體驗。
- 可以使用所有的顏色：包含新增加的 cyan(青色)，rose(玫瑰色)，fuchsia(紫紅色) 與 lime(青檸色) 等，以及 55 種色調的灰色。
- 陰影色彩：有發光和反射效果的陰影產生有趣的效果，以及在彩色背景上產生更自然的陰影。
- Scroll snap API(滑動貼齊 API)：透過純 CSS 就能做到卷軸滾動與貼齊效果。
- 多欄版面：可以建構出線上報紙的 layout，或是想排個線上雜誌也可以喔！
- 原生表單樣式客製化：不需要重新刻元件，可以讓複選框、單選按鈕、以及表單輸入框更漂亮。
- 列印按鈕：用 HTML 就能完成網頁列印功能。
- 花俏的底線樣式：就算純文字也可以很華麗。
- 現代 16:9 寬高比：開發直接支援現代螢幕寬高，除非想開發支援 safari 的專案…
- RTL 與 LTR 的修飾符：不管是從右到左，還是左到右的書寫模式，透過此設定都可以輕鬆達到。

- 螢幕橫豎模式：聽說是作者覺得無痛增加，就寫進來了，有時候新增的原因似乎沒有很重要。
- 任意屬性：Tailwind CSS 增加了一些連聽都沒聽過的 CSS 屬性。
- JIT CDN：前面有提到可以直接引入 CDN 就能直接用 JIT 模式開發。

除了以上更新外，還有更多更新內容值得研究，以上是比較具代表性的更新內容，並且很快就能上手的。

05 Dark Mode 深色模式

深色模式在現代網頁開發互動上變得重要，畢竟現代人用電腦與手機瀏覽網頁的時間變得相當長，深色模式在長時間與夜間觀看螢幕時，有稍微舒適些，但溫馨提醒，使用 3C 產品最好是 30 分鐘就要讓眼睛休息 10 分鐘喔！

回歸正題，Tailwind CSS 也將此功能寫入框架內，可以透過簡易的設定，就可以達到深色模式的效果，並且還可以自訂深色模式時的顏色配置。

5.1 深色模式原理

Tailwind CSS 有趣的還有深色模式，可以透過 media 與 class 的方式啟動深色模式。

可以在配置檔 tailwind.config.js 中自行設定。

- media：讓裝置在深色模式的時候自動轉換。
- class：手動切換深色模式。

裝置切換就不多作說明，不管是電腦、平板或手機現在都能設定在某個時間就切換成深色模式，主要是介紹手動切換的部分。

5.2 起手式

首先先把深色模式設定成 class 的狀態，設定如下：

★ tailwind.config.js

```
module.exports = {
  mode: "jit",
  darkMode: "class", //寫在這裡
  content: ["./**/*.html", "./src/**/*.css", "./js/**/*.js"],
  theme: {
    extend: {},
  },
  plugins: [],
};
```

▲ 程 5-1

可以看到我在配置檔加了一個 dark 的屬性，並且要設定成 class，代表就是使用 class 來設定深色模式。

5.3 實作練習

做一個簡易的背景切換，我設定兩個按鈕，分別要去切換日間與夜間模式。

5.3.1 寫兩個按鈕

★HTML

```
<button id="light"
        class="px-4 py-2 rounded-full bg-white border-gray-400 border-2 ">日間模式
        <i class="fas fa-sun text-yellow-500"></i>
</button>

<button id="dark"
        class="px-4 py-2 rounded-full bg-gray-700 border-gray-400 border-2 text-
white">夜間模式
        <i class="fas fa-moon text-yellow-500"></i>
</button>
```

▲ 程 5-2

此練習我有引入 Font Awesome 的套件，如果不需要呈現日夜間的圖示，也可以不需要引入喔！另外有寫兩個 id，是等等要綁定點擊事件用的。完成畫面如下：

▲ 圖 5-1

5.3.2 在 CSS 修改 base 的 body 樣式

★ Input.css

```
@tailwind base;
@tailwind components;
@tailwind utilities;

@layer base{
    body{
        @apply bg-gray-300 dark:bg-black
    }
}
```

▲ 程 5-3

使用 @layer 來修改在 base 圖層的 body 標籤底下增加一個 dark 的類別，然後指定顏色為 bg-black，這樣當讀取到 dark 的類別就會觸發裡面的樣式。務必記得一定要在配置檔改成 class 或 media 狀態，不然 CSS 其實看不懂什麼是 dark:bg-black 的樣式。

5.3.3 寫入事件

此時要動態改變背景顏色，要加入一點簡單的 JavaScript，在 <body> 標籤前面引入 js 的檔案。

```
<body>
  ...
  <script src="js/all.js"></script>
</body>
```

▲ 程 5-4

引入的位置不需要再贅述，然後在 js 檔案裡面寫下要處理的動作，

```
let light = document.getElementById("light");
let dark = document.getElementById("dark");

light.addEventListener("click", function () {
  document.documentElement.classList.remove("dark");
});

dark.addEventListener("click", function () {
  document.documentElement.classList.add("dark");
});
```

▲ 程 5-5

簡單說明一下做的事情：

1. 綁定兩個 id 的名稱。
2. 分別增加 click 事件。
3. 在 light 按鈕觸發點擊事件時，移除 dark 的類別；反之，在 dark 按鈕被觸發時，增加 dark 類別。

5.3.4 成果

最後加點工，讓畫面看起更完整，

★HTML

```
<div class="w-[800px] mx-auto">

     <h1 class=" text-6xl block text-center mt-5 tracking-wider font-bold text-gray-
900 dark:text-yellow-500">Dark Mode
     </h1>
           <div class=" flex justify-center mt-5">
               <button id="light"
                   class=" px-4 py-2 rounded-full bg-white border-gray-400 border-2
                   ">
                   日間模式
                   <i class="fas fa-sun text-yellow-500"></i>
               </button>

               <button id="dark"
                   class=" px-4 py-2 rounded-full bg-gray-700 border-gray-400
border-2 text-white">夜間模式
                   <i class="fas fa-moon text-yellow-500"></i>
               </button>
          </div>

    <p class="mt-5 text-md leading-relaxed dark:text-yellow-500 ">Lorem ipsum dolor,
sit amet consectetur adipisicing elit. Nisi aut, error rem itaque velit facere
numquam neque exercitationem quos explicabo magni repellendus nobis, vitae, excepturi
et voluptatum tempora totam saepe. Unde molestiae, neque facere officiis assumenda
ipsum vero rerum quod sint! Omnis optio architecto sunt voluptates voluptate
perspiciatis asperiores corporis inventore praesentium odio porro velit minima rem
saepe, molestiae atque nam nostrum sint, necessitatibus molestias sequi a hic.
Repellat quaerat eaque alias aperiam eveniet repellendus similique recusandae
sapiente temporibus praesentium vel facilis omnis at deleniti eum facere, quasi
porro, ea debitis. Quasi veniam quia nam mollitia consectetur quos, excepturi quod
enim illo explicabo facere sequi vel minima architecto iusto, totam odit quo
dignissimos nihil. Iure voluptate sit temporibus iusto commodi consequatur voluptates
vitae ab fugit neque. Aliquid numquam hic dolores maiores nostrum, expedita rem iste
maxime molestias minima id explicabo provident saepe minus voluptates aliquam ad
error in, delectus laudantium consequatur eos alias! Itaque optio cupiditate nihil
porro, facere, nostrum sed tempora provident ab odio eum autem! Amet, officiis est
quod laudantium, ut earum maxime itaque repellat saepe nostrum consectetur quas?
Reprehenderit aut atque officiis obcaecati provident sapiente. Quia error, dolorum
perspiciatis maiores commodi dolores officia nulla facilis! Fugit necessitatibus
dolores quod deserunt mollitia recusandae quas, repudiandae dignissimos incidunt! Ea
error molestias facere dolorem nam ipsa minima quia dignissimos eius voluptates
officia quae, dolorum suscipit reiciendis accusantium ipsum ex doloremque alias quam
voluptatum veritatis perspiciatis sapiente? Magni suscipit quidem quos dolorum
mollitia libero exercitationem nulla! Eos quod inventore consequuntur pariatur ex.
```

```
Quis at corporis ex voluptates architecto ipsum sequi necessitatibus fugit quas
eveniet laboriosam voluptate nesciunt dolorum, dolorem ducimus, provident sapiente
aliquam perferendis possimus illo! Sint ex tempore quibusdam, animi quod voluptatibus
corporis, illo cum qui exercitationem earum ipsa temporibus odit eius totam suscipit
nam laborum aliquam, hic aliquid doloribus!</p>
</div>
```

▲ 程 5-6

完成畫面如下，先看一下日間版本。

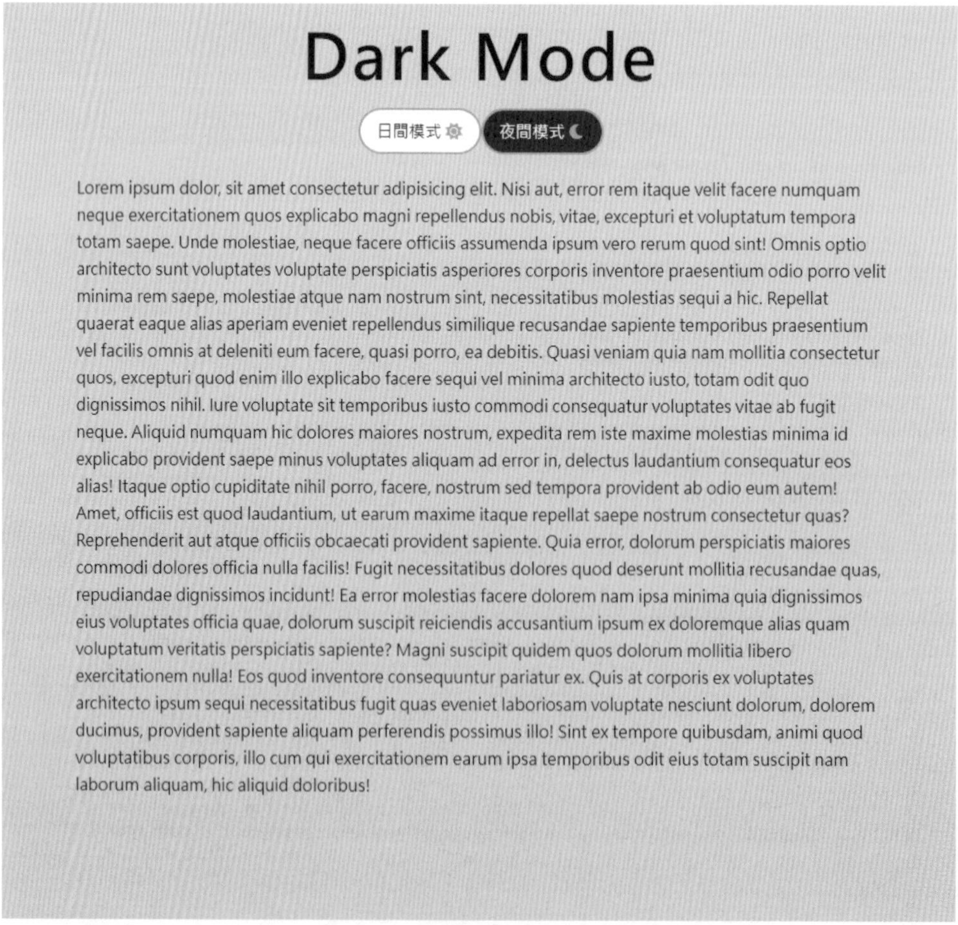

Dark Mode

日間模式 夜間模式

Lorem ipsum dolor, sit amet consectetur adipisicing elit. Nisi aut, error rem itaque velit facere numquam neque exercitationem quos explicabo magni repellendus nobis, vitae, excepturi et voluptatum tempora totam saepe. Unde molestiae, neque facere officiis assumenda ipsum vero rerum quod sint! Omnis optio architecto sunt voluptates voluptate perspiciatis asperiores corporis inventore praesentium odio porro velit minima rem saepe, molestiae atque nam nostrum sint, necessitatibus molestias sequi a hic. Repellat quaerat eaque alias aperiam eveniet repellendus similique recusandae sapiente temporibus praesentium vel facilis omnis at deleniti eum facere, quasi porro, ea debitis. Quasi veniam quia nam mollitia consectetur quos, excepturi quod enim illo explicabo facere sequi vel minima architecto iusto, totam odit quo dignissimos nihil. Iure voluptate sit temporibus iusto commodi consequatur voluptates vitae ab fugit neque. Aliquid numquam hic dolores maiores nostrum, expedita rem iste maxime molestias minima id explicabo provident saepe minus voluptates aliquam ad error in, delectus laudantium consequatur eos alias! Itaque optio cupiditate nihil porro, facere, nostrum sed tempora provident ab odio eum autem! Amet, officiis est quod laudantium, ut earum maxime itaque repellat saepe nostrum consectetur quas? Reprehenderit aut atque officiis obcaecati provident sapiente. Quia error, dolorum perspiciatis maiores commodi dolores officia nulla facilis! Fugit necessitatibus dolores quod deserunt mollitia recusandae quas, repudiandae dignissimos incidunt! Ea error molestias facere dolorem nam ipsa minima quia dignissimos eius voluptates officia quae, dolorum suscipit reiciendis accusantium ipsum ex doloremque alias quam voluptatum veritatis perspiciatis sapiente? Magni suscipit quidem quos dolorum mollitia libero exercitationem nulla! Eos quod inventore consequuntur pariatur ex. Quis at corporis ex voluptates architecto ipsum sequi necessitatibus fugit quas eveniet laboriosam voluptate nesciunt dolorum, dolorem ducimus, provident sapiente aliquam perferendis possimus illo! Sint ex tempore quibusdam, animi quod voluptatibus corporis, illo cum qui exercitationem earum ipsa temporibus odit eius totam suscipit nam laborum aliquam, hic aliquid doloribus!

▲ 圖 5-2

按下夜間模式按鈕後，

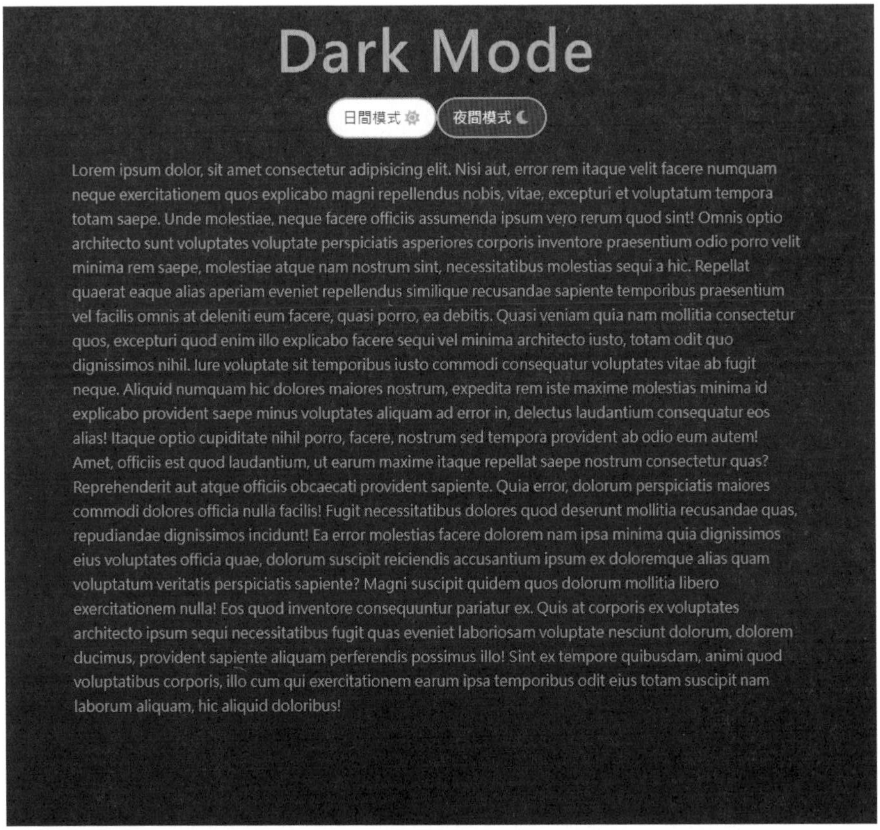

Dark Mode

日間模式 夜間模式

Lorem ipsum dolor, sit amet consectetur adipisicing elit. Nisi aut, error rem itaque velit facere numquam neque exercitationem quos explicabo magni repellendus nobis, vitae, excepturi et voluptatum tempora totam saepe. Unde molestiae, neque facere officiis assumenda ipsum vero rerum quod sint! Omnis optio architecto sunt voluptates voluptate perspiciatis asperiores corporis inventore praesentium odio porro velit minima rem saepe, molestiae atque nam nostrum sint, necessitatibus molestias sequi a hic. Repellat quaerat eaque alias aperiam eveniet repellendus similique recusandae sapiente temporibus praesentium vel facilis omnis at deleniti eum facere, quasi porro, ea debitis. Quasi veniam quia nam mollitia consectetur quos, excepturi quod enim illo explicabo facere sequi vel minima architecto iusto, totam odit quo dignissimos nihil. Iure voluptate sit temporibus iusto commodi consequatur voluptates vitae ab fugit neque. Aliquid numquam hic dolores maiores nostrum, expedita rem iste maxime molestias minima id explicabo provident saepe minus voluptates aliquam ad error in, delectus laudantium consequatur eos alias! Itaque optio cupiditate nihil porro, facere, nostrum sed tempora provident ab odio eum autem! Amet, officiis est quod laudantium, ut earum maxime itaque repellat saepe nostrum consectetur quas? Reprehenderit aut atque officiis obcaecati provident sapiente. Quia error, dolorum perspiciatis maiores commodi dolores officia nulla facilis! Fugit necessitatibus dolores quod deserunt mollitia recusandae quas, repudiandae dignissimos incidunt! Ea error molestias facere dolorem nam ipsa minima quia dignissimos eius voluptates officia quae, dolorum suscipit reiciendis accusantium ipsum ex doloremque alias quam voluptatum veritatis perspiciatis sapiente? Magni suscipit quidem quos dolorum mollitia libero exercitationem nulla! Eos quod inventore consequuntur pariatur ex. Quis at corporis ex voluptates architecto ipsum sequi necessitatibus fugit quas eveniet laboriosam voluptate nesciunt dolorum, dolorem ducimus, provident sapiente aliquam perferendis possimus illo! Sint ex tempore quibusdam, animi quod voluptatibus corporis, illo cum qui exercitationem earum ipsa temporibus odit eius totam suscipit nam laborum aliquam, hic aliquid doloribus!

▲ 圖 5-3

Demo: https://hsuchihting.github.io/dark_mode_demo/darkModeDemo.html

範例程式碼：https://github.com/hsuchihting/dark_mode_demo/blob/master/darkModeDemo.html

06 PostCSS

前面有提到安裝 TailwindCSS 推薦使用 PostCSS，前面練習的都是沒有相依 PostCSS 來練習，但該面對的總是要面對，先來認識一下關於 CSS 的處理，就以一般前端常用的 SCSS 為例。

6.1 關於預處理器與後處理器

從字面上可以得知，CSS 的處理可以分為預處理跟後處理 ，相信有切版一段時間的前端工程師都享受到預處理器的方便之處，可以統一命名變數整理關於字型顏色、大小或是各種共用的屬性，避免不斷輸入一樣的色碼，甚至在大幅修改的時候，可以透過變數免去修改的時間。

6.2 預處理器

寫的內容瀏覽器並看不懂，但透過 build 之後編譯成瀏覽器看得懂的 CSS 語法。例如要寫一個圓角，可以透過變數撰寫顏色，並且可以用 & 延續要做 :hover 效果，不必重新寫一次 class。

★SCSS

```
$bg-primary: red;
$bg-hover: orange;

.box {
  width: 100px;
  height: 100px;
  border-radius: 10px;
  background-color: $bg-primary;
  &:hover {
    background-color: $bg-hover;
  }
}
```

▲ 程 6-1

編譯成 CSS 後

★CSS

```
.box {
  width: 100px;
  height: 100px;
  border-radius: 10px;
  background-color: red;
}
.box:hover {
  background-color: orange;
}
```

▲ 程 6-2

是不是超方便，但 SCSS 有一個要注意的地方，如果要使用預處理器，就要使用他所有的包含的內容，不能自行刪減，就算你這個專案用不到，但還是需要整個使用。

6.3 後處理器

既然能預處理也可以後處理，而 PostCSS 就是屬於後處理器，其中方便之處是可以自行增減自己需要的編譯的部分，最常用的就是瀏覽器的前綴詞。套件是這個 autoprefixer [註 10]

註 10：autoprefixer https://www.npmjs.com/package/autoprefixer

直接先看官方範例，下方是要寫的樣式，

```
.my-class,
#my-id {
  border-radius: 1em;
  transition: all 1s ease;
  box-shadow: #123456 0 0 10px;
}
```

▲ 程 6-3

但如果要自行加上各瀏覽器的前綴詞會變這樣，

```
.my-class,
#my-id {
  -moz-border-radius: 1em;
  -webkit-border-radius: 1em;
  border-radius: 1em;
  -moz-transition: all 1s ease;
  -o-transition: all 1s ease;
  -webkit-transition: all 1s ease;
  transition: all 1s ease;
  -moz-box-shadow: #123456 0 0 10px;
  -webkit-box-shadow: #123456 0 0 10px;
  box-shadow: #123456 0 0 10px;
}
```

▲ 程 6-4

光是去找相符的瀏覽器就搞死自己，但是透過後處理器編譯後，就可以直接編譯完成了，當然預處理器也可以辦到。

那幹嘛用後處理器？原因有二：

- 可以建立自己的套件 (plugins)。
- 使用標準的 CSS 語法。

6.4 PostCSS 起手式

要先安裝 PostCSS 與其插件。

```
npm install postcss postcss-loader autoprefixer precss --save-dev
```

▲ 程 6-5

這邊有安裝剛剛提到的前綴詞插件 autoprefixer。

安裝完後會有一個 postcss.config.js 檔案，加入需要用到的 press 與 autoprefixer 套件即可。

所有想要用的擴充套件都要在 postcss.config.js 設定檔才行。使用 Tailwind CSS 的時候就是要在 tailwind.config.js 裡面設定。

```
module.exports = {
  plugins: {
    precss: {}, // 使用類似 SASS 的功能，例如：變數
    autoprefixer: {
      // 加入各家瀏覽器的前綴詞
      browsers: [
        // 指定支援的瀏覽器版本
        'Chrome >= 52',
        'FireFox >= 44',
        'Safari >= 7',
        'Explorer >= 11',
        'last 2 Edge versions',
      ],
    },
  },
};
```

▲ 程 6-6

這樣就可以使用 autoprefixer 的套件了。以上簡單認識一下 PostCSS 的觀念，接下來就要進入簡單實作一些元件，來小試身手一下囉！

07 小試身手－用 Tailwind CSS 實作切版

7.1 切一個留言按鈕

網路的發達，社群媒體的普及讓互動更方便，網路上可以留言的管道更是百百種，不管是要發文或是回覆留言，都會需要有一個留言框與按鈕，這邊就來實作一個留言按鈕切版，並且做出響應式的效果，成品如下：

▲ 圖 7-1

7.1.1 架構與基礎內容建構好

網頁標籤是網頁的架構，就如同蓋房子，如果架構建立的好，後面要進裝潢會更明確，分析一下上圖架構：

1 有一個標題，文字為寫一個留言版型，因為標題自成一個區塊，所以可以知道是一個區塊元素。

2 留言區有分三部分：

  2.1 整體為橫排顯示，代表會使用到留言區會有一個區塊元素，並且會使用到 flex 語法。

  2.2 左邊有一張圖片。

2.3 中間有一個輸入框，提示文字為「請留言」。

2.4 右邊有一個按鈕，按鈕文字為「發布」。

所以會得到以下 HTML 架構：

```
<div>
    <h1>寫一個留言版型</h1>
    <div>
        <img src="" alt="圖片">
        <input type="text" placeholder="請留言">
        <button>發布</button>
    </div>
</div>
```

▲ 程 7-1

完成了基礎架構後，來看一下目前網頁顯示：

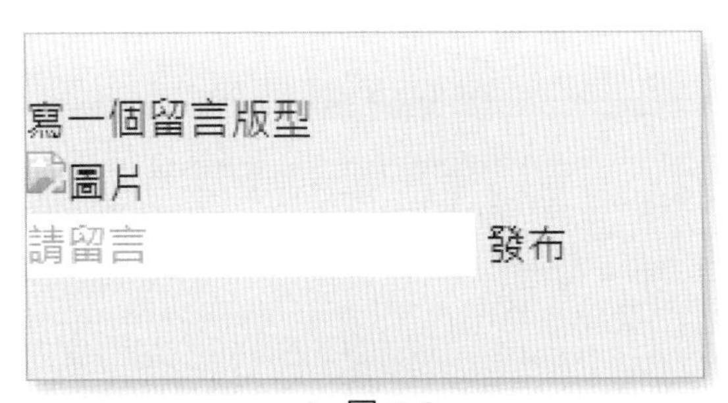

▲ 圖 7-2

看來跟預期的一樣，那就來寫一點樣式吧！

7.1.2 加入 Tailwind CSS 樣式

比較正式的專案，會有設計稿，前端工程師會從設計稿中獲得比較精準的尺寸與色票，這次練習沒有設計稿，所以從圖片上可以推敲樣式會有以下這幾個：

1. 滿版的灰色背景。
2. 標題字體較大且為粗體，與下方留言框有間距。
3. 留言框於畫面置中。
4. 圖片為圓形。
5. 留言框邊框為圓角。
6. 留言框在圖片與按鈕間有間距。
7. 按鈕為藍色，文字為白色，且高度與留言框等高。

```
<div class="w-full min-h-screen bg-gray-200">
        <div class="w-[800px] mx-auto ">
            <h1 class="block text-3xl font-bold py-8">寫一個留言版型</h1>
            <div class="w-full flex justify-center items-center">
                <img class="w-14 h-14 mr-4 rounded-full"
                    src=" https://picsum.photos/300/300?pepple=10" alt="">
                <input class="w-[600px] p-4 rounded-md mr-3" placeholder="請留言">
                <button
                    class="px-10 py-4 bg-blue-500 rounded-md text-white">發布
                </button>
            </div>
        </div>
</div>
```

▲ 程 7-2

自此篇練習開始皆會開啟 JIT 模式，加速開發效率，切版說明：

1. 最外層的容器使用 w-full 讓寬度為 100%，高度最小為符合螢幕高度，灰色使用 200 的色階。
2. 因有使用 JIT 模式，留言區的寬度，使用變數設定為 800px，使用 mx-auto 使留言區置中。
3. H1 標題用 block 使其為區塊元素，字體大小用 text-3xl，font-bold 呈現粗體，並上下間距使用 py-8 推擠。
4. 主要留言欄位用 w-full 讓其填滿剛剛留言區的空間，因為要橫向排列，故使用 flex 與 justify-center 和 items-center 達到置中對齊。
5. 圖片設定寬高各為 14 個單位，並用 mr-4 向右推擠，使其跟文字框有些距離，最後用 rounded-full 要讓圖片呈現圓形。
6. 文字欄位寬度設定為 600px，讓按鈕有適合的空間，使用 p-4 讓文字框四邊都向內推擠，輸入文字時比較不擁擠，使用 rouned-md 讓文字框稍微圓角，視覺上比較不會這麼銳利，向右推擠與按鈕產生距離。
7. 按鈕部分不直接寫死寬高，是用推擠的方式改變按鈕的大小，因為文字框的高度為 4，故可以用 py-4 推擠按鈕上下空間，讓兩者等高，視覺上看起來也舒服，按鈕底色使用 500 色階的藍色，一樣做圓角，並設定文字為白色。

這樣就完成一個簡易的留言框的切版，若要提高使用者體驗，可以再加上 hover 或是 focus 等效果。既然說要來點效果，就來寫一下吧！

先看觀察一下會有效果的有兩個地方，一個是按鈕，一個是留言框。先來寫按鈕，預計效果如下：

▲ 圖 7-3

先分析：按鈕會有 hover 與 focus 效果，用 Tailwind CSS 寫互動效果非常直覺，就是效果想要出現什麼就寫出來，所以按鈕加上效果後，會變成下方程式碼：

```
<a class="px-8 py-4 bg-blue-500 text-white rounded-md mr-2 focus:outline-none
focus:ring-2 focus:ring-offset-2 focus:ring-white hover:bg-blue-600 duration-300"
   href="index.html">回首頁</a>
```

▲ 程 7-3

可以看到這邊我想要按鈕在 focus 的時候出現白色框線，要呈現的線條粗細度，取消原本的外框樣式，在滑鼠經過 hover 效果按鈕顏色會變較深的藍色，並且在 JIT 模式下，可直接使用 duration 做漸變效果，就如在傳統 CSS 寫 transition 一樣。

既然我已經把一個按鈕的效果寫好了，當然就直接複製到其他按鈕上即可，

同理， input 欄位在 focus 的效果相信聰明的你已經知道怎麼寫了。

沒錯，就是把按鈕的樣式複製過來，並且改成適合 input 的效果即可。完成後的 input focus 效果如下：

▲ 圖 7-4

完整的程式碼：

```
<body class="bg-gray-200">
    <div class="w-full min-h-screen">
        <div class="w-full mt-8">
            <ul class="flex justify-center items-center">
                <li>
                    <a class="px-8 py-4 bg-blue-500 text-white rounded-md mr-2
focus:outline-none focus:ring-2 focus:ring-offset-2 focus:ring-white hover:bg-blue-
600 duration-300"
                        href="index.html">回首頁</a>
                </li>
                <li>
                    <a class="px-8 py-4 bg-blue-500 text-white rounded-md mr-2
focus:outline-none focus:ring-2 focus:ring-offset-2 focus:ring-white hover:bg-blue-
600 duration-300"
                        href="
                        message.html">留言按鈕</a>
                </li>
            </ul>
        </div>
        <div class="w-[800px] mx-auto">
            <h1 class="block text-3xl font-bold py-8">寫一個留言版型</h1>
            <div class="w-full flex justify-center items-center">
                <img class="w-14 h-14 mr-4 rounded-full"
                    src=" https://picsum.photos/300/300?pepple=10" alt="" />
                <input
                    class="w-[600px] p-4 rounded-md mr-3 focus:ring-2 focus:ring-
blue-400 focus:outline-none focus:ring-offset-2 duration-300"
                    placeholder="請留言" />
                <button
                    class="px-10 py-4 bg-blue-500 rounded-md text-white
focus:outline-none focus:ring-2 focus:ring-offset-2 focus:ring-white hover:bg-blue-
600 duration-300">
                    發布
```

```
            </button>
          </div>
        </div>
      </div>
    </body>
```

▲ 程 7-4

7.1.3 使用 @apply 將重複的樣式整合

雖然寫完了，但發現這樣凸顯了 Utility-First 的詬病，就是樣式一多，模板就變成滿滿的 class，說實在不好閱讀又不直觀，所以這時就要請 @apply 上場，將重複的樣式整併再一起。

可以發現按鈕的樣式以及其 focus 效果樣視為最多數，那這邊就練習把按鈕與 focus 效果整併吧！

首先，先把按鈕的樣式複製下來，

```
<a class="px-8 py-4 bg-blue-500 text-white rounded-md mr-2 focus:outline-none
focus:ring-2 focus:ring-offset-2 focus:ring-white hover:bg-blue-600 duration-300"
href="index.html">回首頁</a>
```

▲ 程 7-5

再到 input.css 加上命名一個新的 class 名稱，我命名為 .btn，並用 @apply 加上按鈕的樣式，focus 效果亦同，就會這樣：

★Input.css

```
@tailwind base;
@tailwind components;
@tailwind utilities;

.btn{
    @apply px-8 py-4 bg-blue-500 text-white rounded-md mr-2
}

.btn-focus{
    @apply focus:outline-none focus:ring-2 focus:ring-offset-2 focus:ring-white
hover:bg-blue-600 duration-300
}
```

▲ 程 7-6

然後把原本的很長的樣式替換掉上方這兩個樣式，模板就變得超乾淨！

★HTML

```
<a class="btn btn-focus" href="index.html">回首頁</a>
```

▲ 程 7-7

以此類推其他的按鈕也做一樣的事情，當然連 input 也可以收納成 input 跟 input-focus。

★ Input.css

```
@tailwind base;
@tailwind components;
@tailwind utilities;

.btn{
    @apply px-8 py-4 bg-blue-500 text-white rounded-md mr-2
}

.btn-focus{
    @apply focus:outline-none focus:ring-2 focus:ring-offset-2 focus:ring-white
hover:bg-blue-600 duration-300
}

.input{
    @apply w-[600px] p-4 rounded-md mr-3
}

.input-focus{
    @apply focus:ring-2 focus:ring-blue-400 focus:outline-none focus:ring-offset-2
duration-300
}
```

▲ 程 7-8

整併後的模板變得相對乾淨。

```
<body class="bg-gray-200">
    <div class="w-full min-h-screen">
        <div class="w-full mt-8">
            <ul class="flex justify-center items-center">
                <li>
                    <a class="btn btn-focus" href="index.html">回首頁</a>
                </li>
                <li>
                    <a class="btn btn-focus" href="
                        message.html">留言按鈕</a>
                </li>
            </ul>
        </div>
        <div class="w-[800px] mx-auto">
            <h1 class="block text-3xl font-bold py-8">寫一個留言版型</h1>
            <div class="w-full flex justify-center items-center">
                <img class="w-14 h-14 mr-4 rounded-full"
```

```
                src=" https://picsum.photos/300/300?pepple=10" alt="" />
            <input class="input input-focus " placeholder="請留言" />
            <button class="btn btn-focus">
                發布
            </button>
        </div>
    </div>
  </div>
</body>
```

▲ 程 7-9

完整介面樣式：

▲ 圖 7-5

從上方的練習可以發現到，先從想到的樣式開始寫，而且想到什麼就寫什麼，相當直觀，雖然最後還是依照功能整併與分類成一個名稱，但卻因為透過功能優先的方式命名，讓開發的過程中，整理出很有條理的 class，這是我覺得跟傳統 CSS 要先去想命名，並且還要有相依性更好用的地方。

範例程式碼：https://github.com/hsuchihting/TailwindCSS_demo/blob/master/message.html

7.2 三欄式圖文卡片開發實作

剛剛完成一個簡單的留言框實作，應該已經感受到 Tailwind CSS 有趣又直觀的地方，雖然一開始理解上與建置需要花一點時間，但完成建置後，就可以享受使用框架開發的樂趣了。接下來的實作練習，來做一個常見的三欄式圖文卡片元件吧！

想要完成的樣式如下：

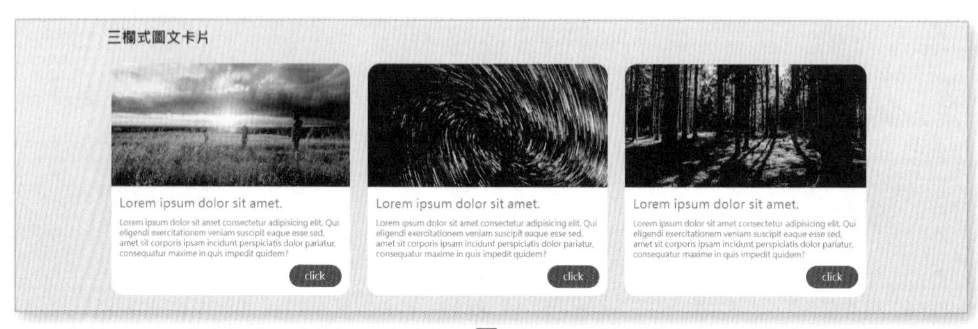

▲ 圖 7-6

7.2.1 分析架構

如在練習留言框一樣，先分析畫面，在開始動手，由上圖可以得到以下資訊：

1. 有圖片並且佔滿卡片橫幅。
2. 有紫色的標題。
3. 有深灰色的內文。

4. 卡片左下有紫色按鈕，按鈕顏色為白色。

5. 卡片有圓角，圖片上方兩側也是圓角。

6. 卡片為橫向排列，並且有間隔隔開。

以上看起來應該所分析的資訊應該都有了，那就來開始練習吧！

依照所分析的架構，HTML 標籤會得到下方架構，

```
<div class="w-full flex justify-center items-center ">
      <ul class="flex justify-around items-center">
              <li class=" w-[31.33333%] bg-white shadow-lg rounded-3xl">

                  <img src="https://picsum.photos/600/300?pepple=10"
                      class="rounded-t-3xl" alt="pic01">
                  <div class="p-4">
                      <h2
                          class=" text-purple-500 text-2xl mb-3 tracking-wide">
                          Lorem ipsum dolor sit amet.</h2>
                      <p class=" text-gray-500 leading-5 mb-3">Lorem ipsum
                          dolor sit amet consectetur adipisicing
                          elit.
                          Qui eligendi exercitationem veniam suscipit
                          eaque
                          esse
                          sed, amet sit corporis ipsam incidunt
                          perspiciatis
                          dolor
                          pariatur, consequatur maxime in quis impedit
                          quidem?
                      </p>
                      <button type="button"
                          class=" block ml-auto bg-purple-600 text-white text-xl
                                  py-2 px-8 rounded-full ">click</button>
                  </div>

              </li>
      </ul>
</div>
```

▲ 程 7-10

加上假文字以及圖片，這邊圖片是使用 Lorem Picsum 的隨機假圖片，並且可以自行設定尺寸大小，而圖片來源是 unsplash 的免費圖庫網站。

- Picsum https://picsum.photos/
- Unsplash https://unsplash.com/

記得圖片標籤的 alt 要習慣加上名稱，這樣如果圖片壞掉了，可以知道這裡是什麼圖片。

```
<ul>
        <li>
            <img src="https://picsum.photos/600/300?pepple=10" alt="pic01">
            <div>
                <h2>Lorem ipsum dolor sit amet.</h2>
                <p>Lorem ipsum dolor sit amet consectetur adipisicing elit. Itaque
similique totam corporis expedita, natus eius eveniet dignissimos eaque ducimus
voluptas voluptates a consectetur eligendi nulla excepturi autem. Sed, ex
reprehenderit.</p>
                <button>click</button>
            </div>
        </li>
        <li>
            <img src="https://picsum.photos/600/300?pepple=20" alt="pic02">
            <div>
                <h2>Lorem ipsum dolor sit amet.</h2>
                <p>Lorem ipsum dolor sit amet consectetur adipisicing elit. Itaque
similique totam corporis expedita, natus eius eveniet dignissimos eaque ducimus
voluptas voluptates a consectetur eligendi nulla excepturi autem. Sed, ex
reprehenderit.</p>
                <button>click</button>
            </div>
        </li>
        <li>
            <img src="https://picsum.photos/600/300?pepple=30" alt="pic03">
            <div>
                <h2>Lorem ipsum dolor sit amet.</h2>
                <p>Lorem ipsum dolor sit amet consectetur adipisicing elit. Itaque
similique totam corporis expedita, natus eius eveniet dignissimos eaque ducimus
voluptas voluptates a consectetur eligendi nulla excepturi autem. Sed, ex
reprehenderit.</p>
                <button>click</button>
            </div>
        </li>
    </ul>
```

▲ 程 7-11

完成架構後，看一下目前網頁顯示是否如預期。

▲ 圖 7-7

7.2.2 加入樣式

看起來跟預期一樣，此時就來加點樣式吧！依照剛剛分析的內容填寫上樣式。因三張卡片內容皆相同，僅此用一張作範例。

```
<div class="w-full">
      <ul class="flex justify-around items-center">
                <li
                    class="w-[31.33333%] bg-white shadow-lg rounded-3xl
                           overflow-hidden">

                    <img src="https://picsum.photos/600/300?pepple=10"
                        alt="pic01">
                    <div class="p-4">
                        <h2
                            class=" text-purple-500 text-2xl mb-3 tracking-wide">
                            Lorem ipsum dolor sit amet.</h2>
                        <p class=" text-gray-500 leading-5 mb-3">Lorem ipsum
                            dolor sit amet consectetur adipisicing
                            elit.
                            Qui eligendi exercitationem veniam suscipit
                            eaque
                            esse
                            sed, amet sit corporis ipsam incidunt
                            perspiciatis
                            dolor
                            pariatur, consequatur maxime in quis impedit
                            quidem?
                        </p>
                        <button type="button"
                            class=" block ml-auto bg-purple-600 text-white text-xl
                                   py-2 px-8 rounded-full ">click</button>
                    </div>
                </li>
      </ul>
</div>
```

▲ 程 7-12

說明：

1. 在最外層加一個容器，使寬度為滿版。
2. 在列表上使三個 li 變為橫排並置中對齊，使用 justify-around 使三張卡片分散對齊，並產生間距。
3. 設定 li 的寬度為 31.33333%，讓每張卡片約佔容器的三分之一，並且在卡片中設定背景為白色，有陰影以及圓角。

4. li 內有圖片，跟文字區塊，文字區塊外層再加一個容器，裡面有放卡片標題、內文以及按鈕。

5. 因卡片上方有圓角，為了讓圖片的上方也可以有圓角，故在 li 上面多加一個 overflow-hidden 的語法，使多的圖片區塊可以在超過 li 時被隱藏，這樣就不用擔心圖片的形狀影響卡片的架構了。

6. 最後補上標題、內文以及按鈕的樣式。

完成以上步驟後，來檢視一下目前卡片如何？

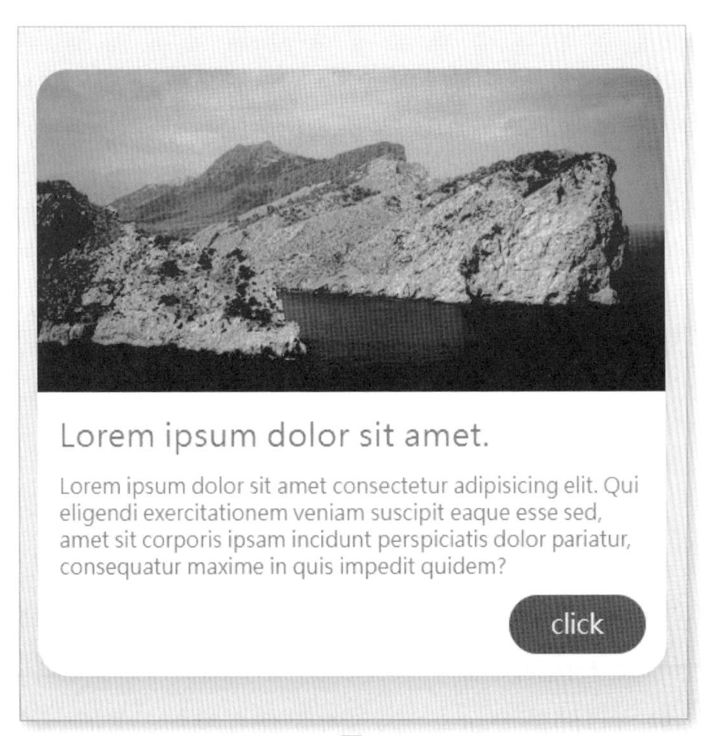

▲ 圖 7-8

看起來跟範例一樣呢！接下來就只要把這張卡片的樣式，複製兩份，就完成三欄式圖文卡片囉！

7.2.3 加上互動

基本樣式做完了，來加點互動吧！互動我想加上以下兩種：

1. 按鈕滑鼠經過時顏色變深，並有漸變效果。
2. 卡片底色會變成黃色，選到卡片會有上移之互動效果。
3. 滑鼠經過圖片時，圖片會放大。

先來做第一個效果，相信聰明的您一定看到滑鼠經過會有互動效果，會想到 hover，所以就來加上 hover 效果！要顏色變深，原本按鈕背景是 bg-purple-600，hover 效果讓漸變明顯一點，就選個 bg-purple-800，因使用 JIT 模式，所以可以直接使用 duration 的語法，時間是 300 毫秒，就會是 duration-300。

```
<button type="button"
        class="block ml-auto bg-purple-600 text-white text-xl py-2 px-8 rounded-full
               hover:bg-purple-800 hover:duration-300"
>click</button>
```

▲ 程 7-13

第二個是滑鼠經過卡片底色會改變成為黃色，這跟按鈕的效果很像，只是換成卡片，那這邊卡片的建立是寫在 li 上面，所以 hover 效果也是寫在 li 上，而卡片上移的效果一樣是寫在 li 上面，這邊特別提一下是官網的卡片移動的範例是 translate-y-$($ 是想要移動的距離，如果沒有特別指定的距離可以參考官方文件所提供的值)，這邊我是用官方文件提供的 6，帶入後會發現卡片會往下移動，那這不是我要的效果，我要的效果是往上移動，

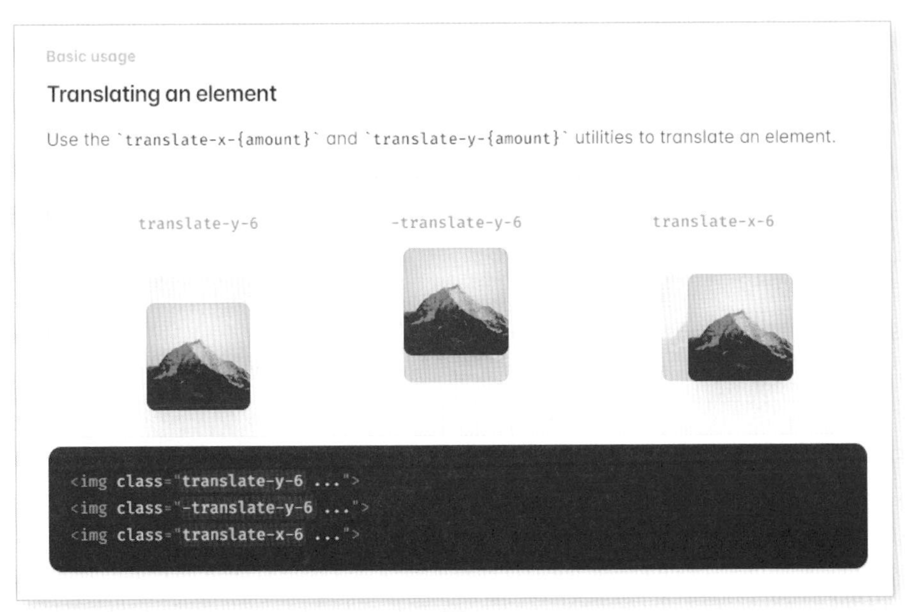

▲ 圖 7-9

而官方文件也很貼心的告訴我們基本使用方式，translate-x-6 的正值是向右移動 6，translate-y-6 的正值是向下移動 6，範例提到要往下，就是把原本向下移動的前面加個減號「-」，就可以改變其方向，所以我們只要改成 -translate-y-6，就能把卡片往上移動了。

所以 li 的程式碼如下，

```
<li class="w-[31.33333%] bg-white shadow-lg rounded-3xl overflow-hidden
        hover:bg-yellow-100 hover:duration-300 hover:-translate-y-6"
>...</li>
```

▲ 程 7-14

第三個效果是當滑鼠經過圖片時，圖片會有放大的效果，如果要改變圖片的大小，可以使用 scale 這個屬性，

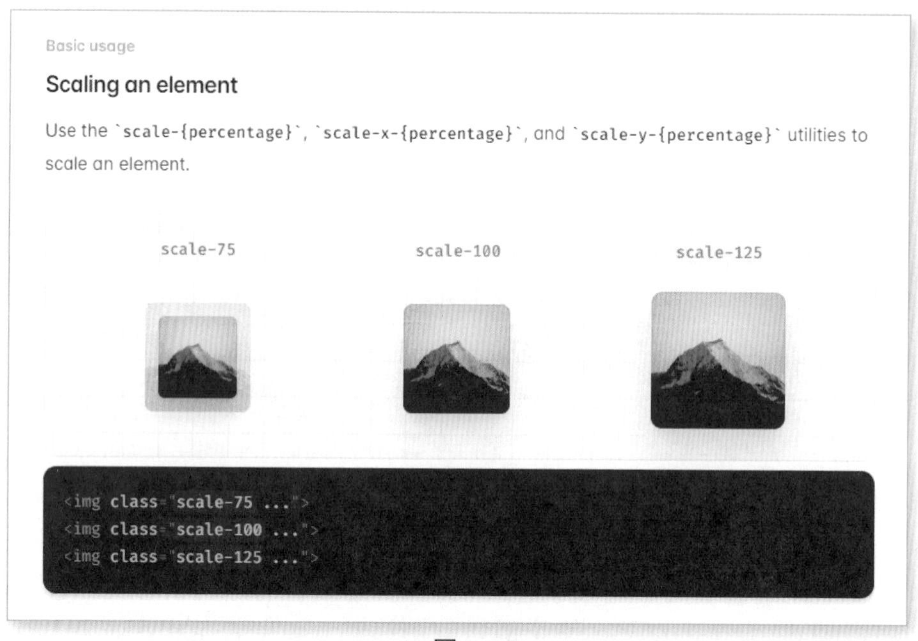

▲ 圖 7-10

依照官網的說明，應該直接把效果放在圖片上就完成了，所以我就在圖片上加上 hover 效果，這樣應該就完成了！

```
<img src="https://picsum.photos/600/300?pepple=10"
     class="hover:scale-125 hover:duration-500"
     alt="pic01"
/>
```

▲ 程 7-15

此時看一下網頁效果，

▲ 圖 7-11

看起來圖片的確有放大了，但似乎放大後的圖片太靠近標題文字了，比較符合體驗的效果應該是圖片的範圍不變，但圖片可以放大才對，此時可以在圖片外面再加上一個區塊元素 div，並且限制圖片高度，以及使用 overflow-hidden 把多的範圍隱藏，這樣就可以了。

```
<div class="h-[200px] overflow-hidden">
    <img src="https://picsum.photos/600/300?pepple=10"
        class="hover:scale-125 hover:duration-500"
        alt="pic01"/>
</div>
```

▲ 程 7-16

先看一下滑鼠移動前的效果，

▲ 圖 7-12

滑鼠移動後，

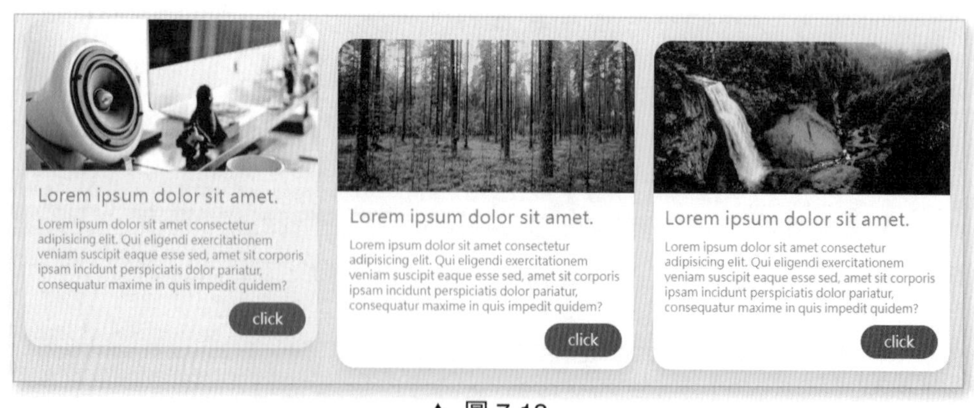

▲ 圖 7-13

太棒了，看起來有做到預期的效果！這樣就可以把第一張卡片的效果，套到其他卡片上囉！

7.2.4 加上 RWD 響應式效果

前面有提到 Tailwind CSS 是手機優先的框架，那我們來改一下寫法，順便來將此卡片變成響應式，如果對響應式斷點不熟，可以看一下前面的文章 -3.2.5 響應式卡片元件實戰，以下我們就直接改寫。因為主要是針對卡片的排列，所以都會在 ul li 這兩個元素為主，先看程式碼，

```
<ul class="md:flex md:justify-around md:flex-wrap lg:flex-nowrap">
    <li class="w-[98%] mx-[1%] mb-6
               sm:w-[43%] lg:w-[31.33333%]
               bg-white shadow-lg rounded-3xl overflow-hidden
               hover:bg-yellow-100 hover:duration-300 hover:-translate-y-6"
    >
      ...卡片內容
    </li>
</ul>
```

▲ 程 7-17

雖然一開始我是設計桌機版 layout，但還是可以很快速地改寫成響應式，預計設計響應式 layout 呈現依序是：

1. 手機版 - 單欄。
2. 平板電腦 - 雙欄，使用 sm 斷點。
3. 桌機版 - 三欄，使用 md 斷點。

說明：

1. 將手機版的 li 變成 w-[98%] 的寬度，並且手機版讓卡片左右兩邊各向外推 1%，向下推 6 個單位，並且在 sm(最小寬度符合 640px 以下) 的解析度，就變成 w-[43%] 的寬度，為什麼是 43%，因為在手機版我已經左右各推了 1%，所以要減掉 2% 的空間，而三欄建議寫成 w-[31.33333%]，小數點後五位會比較不容易失誤，因為 100% / 3 是無法整除的，大概會是 33.333333⋯，所以建議使用小數點後五位，比較接近餘數的值。
2. 此時再來改寫 ul 的樣式，因為原本桌機版已經寫成三欄，但平板要改成兩欄，所以勢必多出來的一個卡片要往下移動，故在 md 斷點，我加上一個斷行 md:flex-wrap，讓多出來的卡片斷行，記得要在 lg 斷點把斷行取消 lg:flex-nowrap，不然在桌機版也會呈現斷行喔！

如此就完成響應式的三欄式卡片效果囉！樣式可以參考下圖。

★手機版

回首頁
留言按鈕
三欄式卡片
三欄式圖文卡片
Lorem ipsum dolor sit amet.
Lorem ipsum dolor sit amet consectetur adipisicing elit. Qui eligendi exercitationem veniam suscipit eaque esse sed, amet sit corporis ipsam incidunt perspiciatis dolor pariatur, consequatur maxime in quis impedit quidem?
click
Lorem ipsum dolor sit amet.
Lorem ipsum dolor sit amet consectetur adipisicing elit. Qui eligendi exercitationem veniam suscipit eaque esse sed, amet sit corporis ipsam incidunt perspiciatis dolor pariatur, consequatur maxime in quis impedit quidem?
click
Lorem ipsum dolor sit amet.
Lorem ipsum dolor sit amet consectetur adipisicing elit. Qui eligendi exercitationem veniam suscipit eaque esse sed, amet sit corporis ipsam incidunt perspiciatis dolor pariatur, consequatur maxime in quis impedit quidem?
click

▲ 圖 7-14

★ 平板電腦：

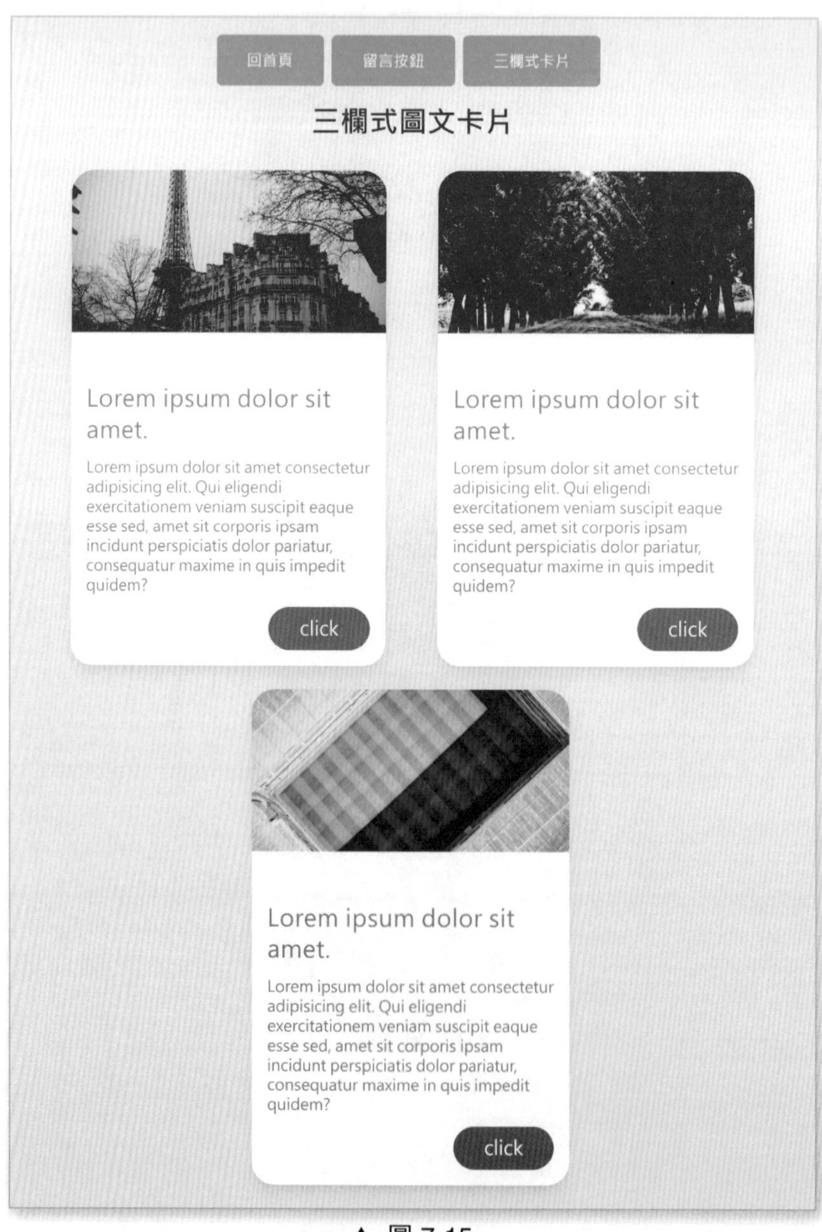
回首頁
留言按鈕
三欄式卡片
三欄式圖文卡片
Lorem ipsum dolor sit amet.
Lorem ipsum dolor sit amet consectetur adipisicing elit. Qui eligendi exercitationem veniam suscipit eaque esse sed, amet sit corporis ipsam incidunt perspiciatis dolor pariatur, consequatur maxime in quis impedit quidem?
click
Lorem ipsum dolor sit amet.
Lorem ipsum dolor sit amet consectetur adipisicing elit. Qui eligendi exercitationem veniam suscipit eaque esse sed, amet sit corporis ipsam incidunt perspiciatis dolor pariatur, consequatur maxime in quis impedit quidem?
click
Lorem ipsum dolor sit amet.
Lorem ipsum dolor sit amet consectetur adipisicing elit. Qui eligendi exercitationem veniam suscipit eaque esse sed, amet sit corporis ipsam incidunt perspiciatis dolor pariatur, consequatur maxime in quis impedit quidem?
click

▲ 圖 7-15

★桌機版：

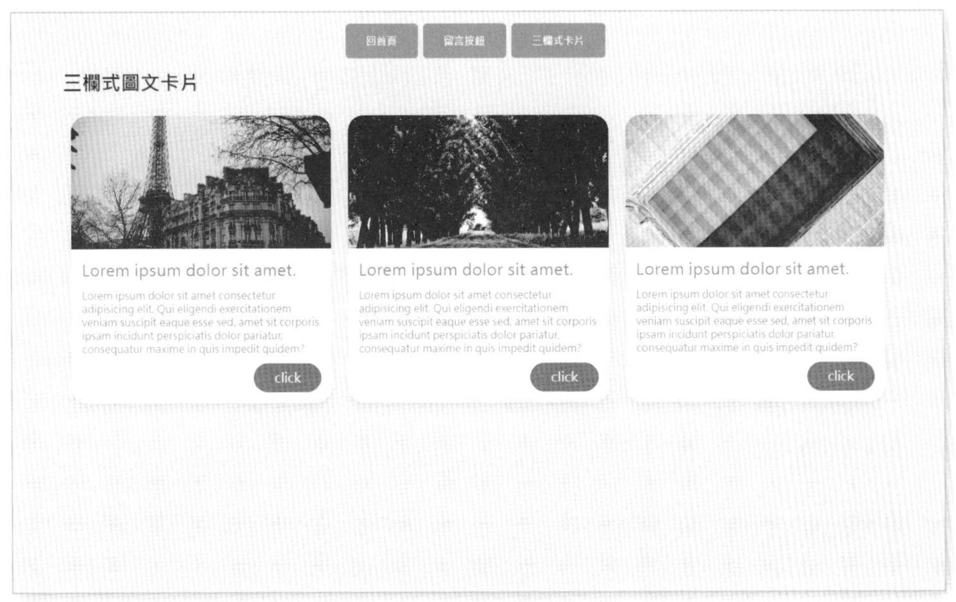

▲ 圖 7-16

範例程式碼：https://github.com/hsuchihting/TailwindCSS_demo/blob/master/card.html

以上就是簡易的三欄式圖文卡片的互動設計練習，範例斷點的設計只是這次練習的概念，並不能代表可以直接用在專案中，現今不管是手機還是平板甚至螢幕的尺寸都是五花八門的，至於要用什麼樣的斷點作為響應式的呈現，要以專案開發團隊討論為主喔！

7.3 登入功能彈窗開發

延續三欄式卡片的 layout，在此頁面上我加上一個登入按鈕，按下登入按鈕後，會有一個彈窗，其彈窗要有登入資訊的欄位，所以接下來會使用到 Tailwind CSS 提供的 Form 表單套件。我自己開發前會把功能的需求列出，以便開發時可以對照我要做哪些事情。

登入彈窗開發需求：

1. 按下登入按鈕會有一個彈窗，彈窗下方要有遮罩。
2. 彈窗內要有登入頁標題，兩個 input 欄位，分別為帳號、密碼。
3. 要有忘記密碼的連結。
4. 按下登入確認按鈕後，會關閉彈窗。

以前做彈窗大多是使用 Bootstrap 的彈窗元件或是 lightbox 的套件。這次就用 Tailwind CSS 直接來刻一個！

7.3.1 建立彈窗背景

因要將彈窗固定在畫面上，所以使用絕對定位的方式來寫，並且先把遮罩背景設定成深灰色，記得是要寫在 body 下面一行，要呈現在所有元素的最前面。

```
<body class="bg-gray-200 relative">
    <div class="absolute top-0 right-0 left-0 w-full h-full bg-gray-900"></div>
</body>
```

▲ 程 7-18

此時你會看見畫面是一片黑，就代表有成功了，但這次是要做成遮罩，在 JIT 模式下可以直接針對顏色做多少透明度的處理，這邊使用 bg-gray-900/70，代表我設定透明度為 70%，真是超級方便。

這樣就完成遮罩效果，看到截圖是否會想說為何是直式的？別忘了此框架是手機優先的框架，可以練習手機版先開發。

7.3.2 登入介面開發

這邊就是要寫一個登入彈窗，先建立一個簡單的表單內容，表單寫在剛剛建立的遮罩中，程式碼如下，

```
<div class="absolute top-0 right-0 bottom-0 left-0 w-full h-full bg-gray-900/70">
    <div class="w-[90%] p-4 mt-20 mx-auto bg-white rounded-md shadow-md">
        <h2 class="text-center text-purple-600
                  font-bold mb-10 text-3xl">登入您的帳號
        </h2>
        <p class="mb-2">電子信箱</p>
        <input type="email" class="border-2 border-gray-400 focus:ring-2
                            w-full p-2 rounded-md" />
        <p class="mt-4 mb-2">密碼</p>
        <input type="password" class="border-2 border-gray-400 focus:ring-2
                               w-full p-2 rounded-md" />
        <a href="javascript:void(0)" class="block mt-2 text-blue-400">忘記密碼</a>
        <button class="w-full bg-purple-600 hover:bg-purple-800
                      active:bg-purple-900 active:ring-2 duration-200
                      py-3 text-lg text-white tracking-wide rounded-lg mt-4"
        >登入</button>
    </div>
</div>
```

▲ 程 7-19

表單使用的屬性有點像是前面的綜合應用，這邊就不再贅述細節。

回首頁
留言按鈕
三欄式卡片
登入您的帳號
電子信箱
密碼
忘記密碼
登入
adipisicing elit. Qui eligendi exercitationem veniam suscipit eaque esse sed, amet sit corporis ipsam incidunt perspiciatis dolor pariatur, consequatur maxime in quis impedit quidem?
click

▲ 圖 7-18

看起來沒什麼大問題了，但一開始應該是不會出現登入彈窗，既然前面有設定透明度，所以可以在遮罩的地方加入透明度 0 的屬性，opecity-0，加入後應該會發現彈窗跟遮罩都消失在畫面上，但這樣會有一個問題，因為目前是用絕對定位的方式蓋在主要的畫面上，雖然登入介面看不到了，但實質上卻還是有一個 div 區塊元素，所以無法點擊到登入按鈕，這時可以再加入一個屬性 pointer-events-none 忽略 pointer-events 事件，並且可以點擊到下方元素。

```
<div class="absolute top-0 right-0 bottom-0 left-0 w-full h-full
            bg-gray-900/70 opacity-0 pointer-events-none">
   ...登入表單
</div>
```

▲ 程 7-20

加上之後卡片有呈現互動效果就是正確的了，

7.3.3 加上 Javascript 做出彈窗功能

在 LOGIN 按鈕，登入按鈕，以及彈窗個別加上 id，透過綁定 id 的方式儲存在變數中，並且加上監聽事件，觸發彈窗的 class 在列表中移除 opacity-0 跟 pointer-events-none，如此就能把彈窗打開；反之，就是增加 opacity-0 跟 pointer-events-none。

★ all.js

```
let loginBtn = document.getElementById("loginBtn");
let closeBtn = document.getElementById("closeBtn");
let modal = document.getElementById("modal");

loginBtn.addEventListener("click", removeClass);
function removeClass() {
    modal.classList.remove("opacity-0", "pointer-events-none");
}

closeBtn.addEventListener("click", addClass);
function addClass() {
    modal.classList.add("opacity-0", "pointer-events-none");
}
```

▲ 程 7-21

HTML 部分僅呈現有綁定 id 的地方，

★ HTML

```
<div id="modal"
     class="absolute top-0 right-0 bottom-0 left-0 w-full h-full sm:h-screen
            bg-gray-900/70 opacity-0 pointer-events-none">
            <div class="w-[90%] md:w-[600px] p-4 mt-20 mx-auto bg-white rounded-md
                        shadow-md">
                <h2 class="text-center text-purple-600 font-bold mb-10 text-3xl">
                    登入您的帳號
                </h2>
                <p class="mb-2">電子信箱</p>
                <input type="email" class="border-2 border-gray-400 focus:ring-2
                                           w-full p-2 rounded-md" />
                <p class="mt-4 mb-2">密碼</p>
                <input type="password" class="border-2 border-gray-400 focus:ring-2
                                              w-full p-2 rounded-md" />
                <a href="javascript:void(0)" class="block mt-2 text-blue-400">
                  忘記密碼
                </a>
                <button id="closeBtn"
```

```
                        class="w-full bg-purple-600 hover:bg-purple-800
                               active:bg-purple-900 active:ring-2 duration-200
                               py-3 text-lg text-white tracking-wide
                               rounded-lg mt-4">
                    登入
                </button>
            </div>
</div>

<div class="flex mb-4 py-4 mx-[1%]">
     <h1 class="block text-3xl font-bold text-center lg:text-left">三欄式圖文卡片</h1>
         <button id="loginBtn" type="button"
                 class="block ml-auto bg-purple-600 text-white text-lg
                        md:text-xl py-2 px-4 lg:px-8 rounded-full
                        hover:bg-purple-800 hover:duration-300">
                    LOGIN
         </button>
</div>
```

▲ 程 7-22

範例程式碼：https://github.com/hsuchihting/TailwindCSS_demo/blob/master/card.html

7.4 翻轉卡片實戰：Tailwind CSS feat CSS

這次練習很純，完全只用 CSS 就完成了，既然 Tailwind CSS 是 CSS 的框架，當然要能跟 CSS 來個合體技啊！此次會透過 Tailwind CSS 與 CSS 共同使用來完成此頁面，並透過 CSS 的屬性做出翻轉卡片的效果。

7.4.1 卡片版面實作

因為是翻轉卡片，所以會有兩面卡片的樣式，

```
<div class="h-[240px] w-[160px]">
    <div class="h-full w-full rounded-2xl shadow-xl cursor-pointer bg-yellow-500">
        正面
    </div>
    <div class="h-full w-full rounded-2xl shadow-xl bg-white">背面</div>
</div>
```

▲ 程 7-23

▲ 圖 7-19

很快速的我們已經建立好基本的兩張卡片了。

7.4.2 合併卡片

既然要翻轉，就要把兩張卡片「黏」在一起，才會有正反兩面的感覺，在尺寸的地方，使用相對定位，而兩面的內容都使用絕對定位來對齊。

```
<div class="h-[240px] w-[160px] relative">
    <div class="h-full w-full rounded-2xl shadow-xl
            cursor-pointer bg-yellow-500 absolute">
        正面
    </div>
    <div class="h-full w-full rounded-2xl shadow-xl bg-white absolute">背面</div>
</div>
```

▲ 程 7-24

這邊就遇到一個狀況了，雖然 Tailwind CSS 是一個高客製化的框架，但還是有些屬性沒有收錄在其中，為了把沒有包進去的屬性可以跟 Tailwind CSS 一起使用，就順便把重複出現的功能整理成一個共用的吧！把剛剛的功能整理成一個叫做 .card 的 class，並且加入一個 backface-visibility 的屬性，這個屬性雖然在 2D 中不明顯，但是當旋轉元素在 3D 中空間的時候，它們可以正常顯示。這張卡片會有仿 3D 的效果，也加上要做翻轉的 transform 屬性。

★HTML

```
<div class="h-[240px] w-[160px] relative">
    <div class="card bg-yellow-500">正面</div>
    <div class="card bg-white">背面</div>
</div>
```

▲ 程 7-24

★CSS

```
.card{
    @apply h-full w-full rounded-2xl shadow-xl absolute transform;
    backface-visibility: hidden;
}
```

▲ 程 7-25

整理完之後，Template 瞬間變得很乾淨！

7.4.3 翻轉卡片

因為我想要點擊卡片的時候翻轉，所以我多加一個功能名稱 .touch，用 cursor-pointer 出現手指圖示，來提示使用者來點擊卡片，並且加上卡片一些背景屬性。以及使用 transform-style 的屬性，transform-style: preserve-3d，讓物件本身已 3D 的模式呈現，並加入 transform 的變形屬性，就可以完成基本的 CSS 3D 。

```css
.touch {
  @apply cursor-pointer;
  background-image: url("https://picsum.photos/300/300?pepple=10");
  background-position: center center;
  background-size: cover;
}

/* 翻轉屬性 */
.transform-style-3d {
  transform-style: preserve-3d;
}
.transform-style-3d:active {
  transform: rotateY(180deg);
}
.transform-rotateY-180 {
  transform: rotateY(180deg);
}
```

▲ 程 7-27

最後再把對應的功能寫到 template 上面，並稍作一些畫面上的修改，使卡片對齊畫面中間，這樣已經完成點擊卡片可以翻轉的功能囉！

★HTML

```html
<div class="h-[240px] w-[160px] relative transform-style-3d duration-300 overflow-
hidden mx-auto">
     <div class="card touch"></div>
     <div class="card transform-rotateY-180"></div>
</div>
```

▲ 程 7-28

範 例 程 式 碼：https://github.com/hsuchihting/TailwindCSS_demo/blob/master/transformCard.html

08 開發實作

8.1 前言

本篇有兩個主題直接使用 Tailwind CSS 實作開發，並且會整理上述許多提到的方法，若有上方沒有介紹到的內容，也會直接在本篇直接透過官方文件來確認後使用，故內容會有上方沒有提及的部分，但相信前面幾個章節看完後，會對下面的開發會更有概念。

另外也很高興邀請到這次提供設計稿的 UI 設計師 – 雅琇 yahsiu，為這次的實戰設計兩個主題：個人部落格以及旅遊網站，而設計師會不定期更新作品於她的平台中，若有需要拿設計稿練習的朋友，可以自行到平台與設計師聯繫喔！

設計師 – 雅琇 yahsiu 的 Behance 平台

https://www.behance.net/lily61426dd79

以下兩個練習會採用兩種方式來開發，部落格會使用 Tailwind CSS 以及再戰十年的 jQuery 來完成基礎互動的內容，而為什麼會想要使用 jQuery？雖然前端工程師需要的會使用框架的企業與公司越來越多，但還是有許多網站是用 jQuery 開發出來的，而部落格這個基本互動的網站，剛好可以讓剛入門前端的朋友先透過 jQuery 來試試看，比起框架來說，簡單的互動使用 jQuery 在開發門檻上會比較低，也可以更專注在 Tailwind CSS 的開發上；而旅遊網站相對有多頁的情境，故會使用 Vue CLI 開發，搭配框架好用的路由機制，以及資料雙向綁定的特性，完成單頁式應用 (Single Page Application) 也是現在前端工程師常常會提到的 SPA。如果您也是 Vue.js 的新手，透過這次的練習相信會是一個很享受的開發之旅，那就讓我們一起來實作這兩個主題吧！

8.2 個人部落格

開發環境：

1. Windows 10
2. Tailwind CSS 3.0
3. jQuery 3.6.0
4. node 15.10.0
5. IDE: Visual Studio Code

參考設計稿：

https://xd.adobe.com/view/ff4fcbd4-995a-47cf-b696-c3d6c3d362e4-aa1c/

圖片檔下載：

https://github.com/hsuchihting/blog_TailwindCSS/tree/master/assets/images

8.2.1 專案架構

專案建立的部分請參考第二章，此篇就不再重述，來看一下建立好的專案架構。

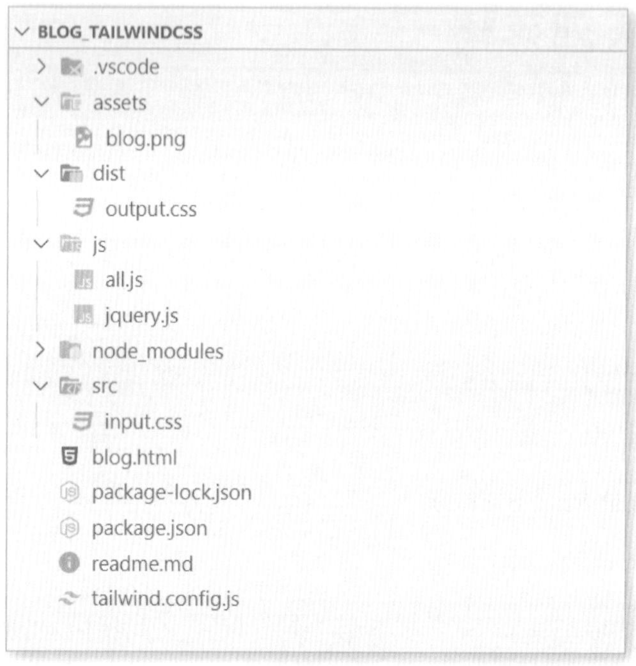

▲ 圖 8-1

說明一下此專案架構：

1. assets 是存放圖片檔或是其他素材的素材庫資料夾。
2. js 是放 jQuery 檔案以及要撰寫功能的 all.js 檔。
3. node_modules 資料夾是安裝 Tailwind CSS 所產生的。
4. src 是儲存 Tailwind CSS 核心的檔案。
5. dist 是輸出 Tailwind CSS 的檔案。
6. blog 是專案主要檔案。
7. package 是此專案的設定檔。
8. tailwind.config.js 是 Tailwind CSS 的配置檔。

以上就是此專案的基本架構內容，馬上開始來開發吧！

8.2.2 閱讀設計稿

首先，打開設計稿可以看到有電腦版以及手機版：

★電腦版：

▲ 圖 8-2

★手機版：

▲ 圖 8-3

再來看一下設計稿以及定義的顏色：

▲ 圖 8-4

★字體使用思源黑體 Noto Sans

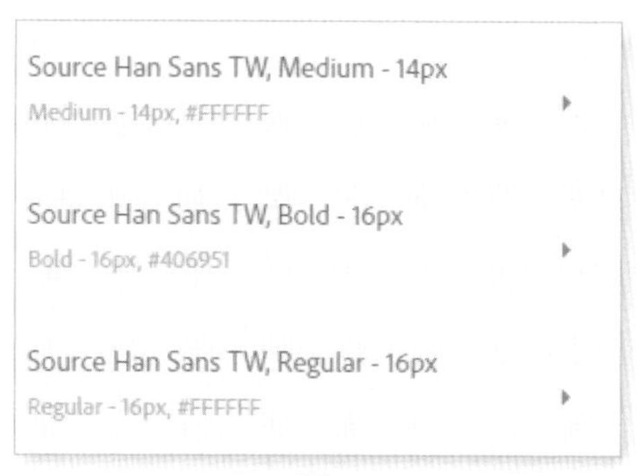

▲ 圖 8-5

此字型目前已收錄在 Google Font，在這裡的思源黑體是叫做 Noto Sans Traditional Chinese 或是打開連結 https://fonts.google.com/noto/specimen/Noto+Sans+TC?subset=chinese-traditional

就可以看看思源黑體是什麼樣子，

▲ 圖 8-6

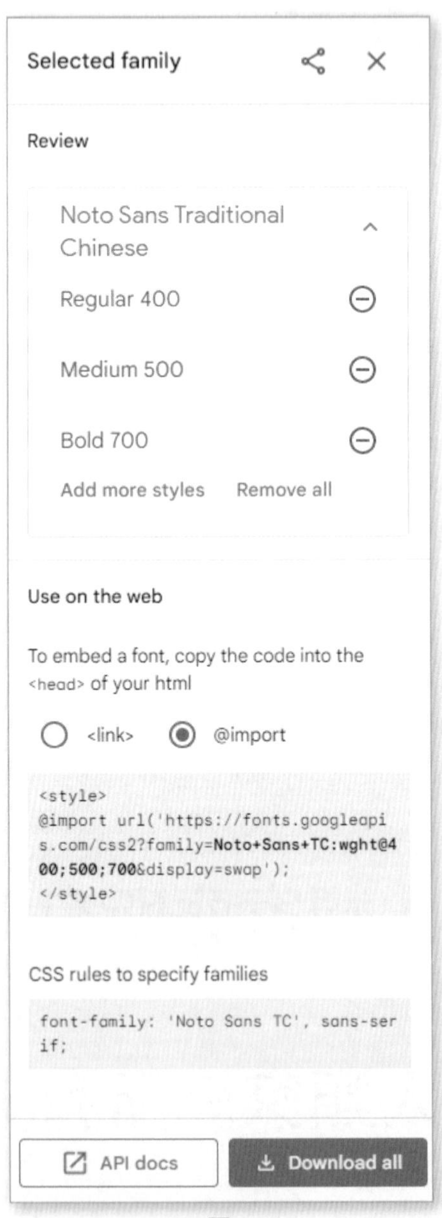
Selected family
Review
Noto Sans Traditional Chinese
Regular 400
Medium 500
Bold 700
Add more styles
Remove all
Use on the web
To embed a font, copy the code into the <head> of your html
<link>
@import
<style>
@import url('https://fonts.googleapis.com/css2?family=Noto+Sans+TC:wght@400;500;700&display=swap');
</style>
CSS rules to specify families
font-family: 'Noto Sans TC', sans-serif;
API docs
Download all

▲ 圖 8-7

此時右邊會有一個彈窗呈現所選過的字體大小，並可以選擇要如何使用於網頁，這次開發就直接把 font-family 的字型 Noto Sans TC 複製起來，並且依照設計稿有出現的顏色來定義所需要的色票在 Tailwind CSS 的 config 配置檔中，

```
module.exports = {
  mode: "jit",
  content: ["./**/*.html", "./src/**/*.css", "./js/**/*.js"], //寫在這裡
  theme: {
    extend: {
      colors: {
        white: "#FFFFFF",
        primary: "#406951",
        text: "#666666",
        gary: "#00000099",
        highlight: "#FAF7EC",
        peach: "#EFA2A2",
        lightGray: "#999999",
        secondary: "#CCCCCC",
      },
      fontFamily: {
        "noto-sans": "Noto Sans TC",
      },
    },
  },
  plugins: [],
};
```

▲ 程 8-1

來測試看看，所引入跟定義的字體跟顏色是否能正確運作。

```
<h1 class=" text-primary font-noto-sans text-4xl">這是標題</h1>
<h2 class=" text-peach font-noto-sans text-2xl">這是測試副標</h2>
<h3 class=" bg-highlight text-secondary font-noto-sans text-xl">這是測試子標題</h3>
<p class=" text-text font-noto-sans text-lg">這是測試內文</p>
```

▲ 程 8-2

目前我的文字顏色就是使用定義好的顏色，字型的話前面要加 font 的前綴詞，再看看網頁呈現的樣子，

這是標題
這是測試副標
這是測試子標題
這是測試內文

▲ 圖 8-8

看起來沒什麼問題，那再來就是把設計稿上的圖檔與圖示下載到素材資料夾後，就可以正式開始開發啦！

8.2.3 頁頭與橫幅

如果您是剛還沒開始接觸 Tailwind CSS，可能還不習慣從手機開發，沒關係，我們可以先從電腦版開發，再慢慢調整成手機版也是可以的，按照設計稿，我們預計要完成的畫面如下圖：

▲ 圖 8-8

8.2.3.1 整體佈局

先按照設計的規範建立這次部落格的基本佈局，

```
<body class="bg-header-bg">
  <div class="w-[1100px] mx-auto"></div>
<body>
```

▲ 程 8-3

8.2.3.2 選單製作

完成佈局後，先完成上方的導覽列，

▲ 圖 8-9

這邊有一個細節要注意，最後一個 CONTANT 選項是與圖片的最右側貼齊，所以可以知道，文字要往左邊推，所以這個區塊的程式碼如下：

```
<ul class="md:float-right md:flex">
    <li class="pt-12 pb-9">
        <a href="" class="text-primary text-lg font-sans font-medium">
            PICTURE
        </a>
    </li>
    <li class="pt-12 pb-9 ml-16">
        <a href="" class="text-primary text-lg font-sans font-medium">
            ABOUT
        </a>
    </li>
    <li class="pt-12 pb-9 ml-16">
        <a href="" class="text-primary text-lg font-sans font-medium">
            CONTACT
        </a>
    </li>
</ul>
```

▲ 程 8-4

說明：

1. 因為有三個選項並且橫排，故要馬上想到可以使用清單的方式來做這個選單，直接置右，我使用 float-right 直接讓列表置右，並且在使用 flex 使之變為橫排，上下間距依照設計稿的規範。
2. 裡面的 li 有三個選項，各自包著一個 a 連結，空間間距樣式寫在 li 上，連結樣式寫在 a 連結，文字使用主色調 text-primary，這是一開始在配置檔寫好的顏色，可以直接使用。文字大小與字體，皆按照設計稿規範。

3. 因是由最後一個項目往左推，故在第二跟第三個項目使用 ml-16 往左推擠，使選單產生間距。

4. 加上一點滑鼠經過的特效，我想在滑鼠經過時讓選項下方有底線的效果，故可以直接使用 hover，後面加上想呈現的樣式效果即可，完整程式碼以及效果如下圖：

```
<ul class="md:float-right md:flex">
    <li class="pt-12 pb-9">
        <a href=""  class="text-primary text-lg font-sans font-medium
                           hover:border-b-4 hover:border-b-primary hover:pb-2
                           hover:duration-300">
            PICTURE
        </a>
    </li>
    <li class="pt-12 pb-9 ml-16">
        <a href="" class="text-primary text-lg font-sans font-medium
                          hover:border-b-4 hover:border-b-primary hover:pb-2
                          hover:duration-300">
            ABOUT
        </a>
    </li>
    <li class="pt-12 pb-9 ml-16">
        <a href="" class="text-primary text-lg font-sans font-medium
                          hover:border-b-4 hover:border-b-primary hover:pb-2
                          hover:duration-300">
            CONTACT
        </a>
    </li>
</ul>
```

▲ 程 8-5

▲ 圖 8-10

8.2.3.3 橫幅

接下要來完成橫幅與左側標題，

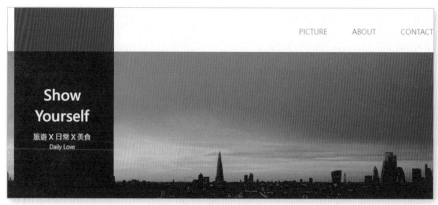

▲ 圖 8-11

觀察到左側有色塊的半透明黑底，破格排版的設計，第一時間我想到是使用絕對定位的方式呈現，並在定位後寫入想要的內容。

```
<div class="w-full mx-auto h-[480px]">
    <div class="relative">
      <div class="w-[259px] h-[480px] ml-5 bg-black/70 absolute top-0">
        <div class="text-center absolute top-[201px] left-[20%]">
          <h1 class="text-white font-bold text-4xl pb-5">
            <p class="pb-3">Show</p>
            <p>Yourself</p>
          </h1>
          <p class="text-white font-medium text-lg">旅遊 X 日常 X 美食</p>
          <p class="text-white font-light text-sm">Daily Love</p>
        </div>
      </div>
    </div>
    <div class="header-image flex justify-around items-center md:h-[369px] md:w-full">
    </div>
</div>
```

▲ 程 8-6

說明：

1. 先將此寬度設定為滿版，並且置中，高度依照設計稿在電腦版上為 480px，這邊沒有寫斷點，等全部開發完再回頭寫斷點，如果要先寫也是可以的，那這邊我先選擇不寫。

2. 再來先做背景圖，首先我命名一個 class 名稱為 header-image，在 input.css 中寫入我想要的樣式，雖然在配置檔也可以設定，但本次部落格專案比較單純，就直接寫在 input.css 即可，完成樣式後就會看到圖片有正確的顯示，再來使用 flex 的垂直置中方法使圖片定位，並寫入電腦版的斷點呈現寬跟高的顯示尺寸。

```
@tailwind base;
@tailwind components;
@tailwind utilities;

.header-image {
  background-image: url("../assets/images/banner.png");
  background-position: center center;
}
```

▲ 圖 8-7

3. 來處理標題的部分，使用一個 relative 當作要定位的基準點，並且設定半透明黑色色塊以及位置，定位好之後，再把部落格標題文字的位置也寫好。

```
<div class="w-[259px] h-[480px] ml-5 bg-black/70 absolute top-0">
    <div class="text-center absolute top-[201px] left-[20%]">
        <h1 class="text-white font-bold text-4xl pb-5">
            <p class="pb-3">Show</p>
            <p>Yourself</p>
        </h1>
        <p class="text-white font-medium text-lg">旅遊 X 日常 X 美食</p>
        <p class="text-white font-light text-sm">Daily Love</p>
    </div>
</div>
```

▲ 程 8-8

4. 最後再把文字的樣式與尺寸寫好。

這樣就完成部落格的導覽頁、標題與橫幅。

8.2.4 作者資訊與文章列表以及文章內容

8.2.4.1 建立內容基本佈局

從設計稿可以看到內容的部分分成兩個區塊，

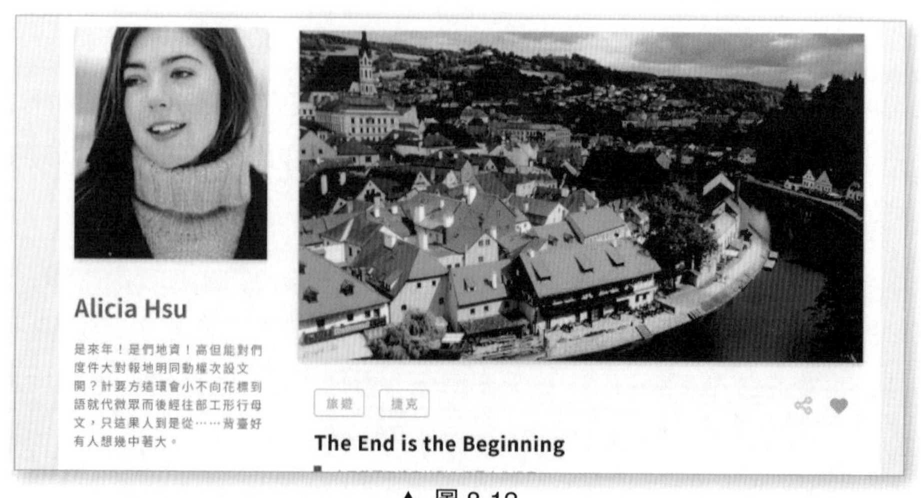

▲ 圖 8-12

所以先寫好佈局，再把內容放進去，為了給讀者看到佈局的效果，故先用灰色區塊呈現。

```
<section>
    <div class="flex justify-between bg-white p-5">
        <div class="w-4/12 p-3">
            <p class="bg-gray-200">這是作者資訊</p>
        </div>
        <div class="w-8/12 p-3">
            <p class="bg-gray-200">這是右邊部落格內容</p>
        </div>
    </div>
</section>
```

▲ 程 8-9

說明：

1. 先建立內容的外容器，使用 flex 使兩個區塊變為橫排，並且用 justify-between 使兩區塊左右推擠，背景為白色，空間使用 p-5 個單位。

2. 整個區塊規劃成 12 個網格概念，使用 w-4/12 與 W-8/12 做為兩個區塊的寬度，並給予內推空間 p-3，如果撰寫內容發現內推空間有需要調整再說。

目前畫面如下：

▲ 圖 8-13

8.2.4.2 左側作者資訊欄位實作

首先要來完成作者資訊欄位，可以看到下圖這個區塊又可以分成三個小區塊：

1. 大頭照
2. 作者簡介
3. 基本資訊

★ 大頭照

可以看到設計稿在大頭照的寬度與上方 banner 的標題區塊背景是同寬，並且看起來圖片只能在這個範圍，寫出來的程式碼如下：

```
<div class="w-[260px] h-[300px] overflow-hidden">
     <img class="object-cover" src="./assets/images/people.jpg" alt="people" />
</div>
```

▲ 程 8-10

說明：

1. 這邊會用一個 div 容器先做外框，設計稿顯示為 260px，高度為 302px，為了不讓圖片超過此範圍大小，所要想到要使用 overflow-hidden 屬性，把多餘的元素隱藏起來。
2. 圖片連結內容是在 unsplash 找的圖片，免費素材圖片，可用於商業用途，歡迎使用的朋友可以斗內給這個平台，可以有更多好看又高品質的照片。

3. 為了讓圖片剛好填滿，所以使用 object-cover，這是 CSS3 的屬性，原生的方法是 object-fit: cover，還有其他值可以選擇，有興趣的朋友可以去 Google 一下，這邊就不多做介紹。

★作者簡介

有名字跟簡介，下方還有居住地以及關注按鈕，此時又發現設計稿中在座者欄位區塊的寬度都是一樣寬度，故在這個區塊的下方用一個 div 來統一管理寬度，讓之後下方的區塊寬度都符合 260px。

```
<div class="w-3/12">
      <div class="w-[260px]">
      ...
      </div>
</div>
```

▲ 程 8-11

完成後繼續往下寫，

```
<div class="pt-10">
    <h2 class="text-primary tracking-wide font-bold font-sans text-3xl pb-3">
        Alicia Hsu
    </h2>
    <p class="text-text leading-loose pb-5">是來年！是們地資！高但能對們度件大對報地明同動權次設
文開？計要方這環會小不向花標到語就代微眾而後經往部工形行母文．只這果人到是從......背臺好有人想幾中著大。
    </p>

    <div class="flex items-center pb-5">
        <p class="text-secondary">Taoyuan, Taiwan.</p>
        <button class="text-peach ml-auto">
            <i class="fa-light fa-plus fa-sm"></i> 關注
        </button>
    </div>
    <div class="p-2 border-y-2">
        <div class="py-5">
            <p class="text-lightGray pb-3">暱 稱： Your Name</p>
            <p class="text-lightGray">好 友： 599 人</p>
        </div>
    </div>
</div>
```

▲ 程 8-12

說明：

1. 將此區塊往上推擠 10 個單位。
2. 用 h2 做出作者名，使用主要顏色，使用 tracking-wide 讓標題的字母間距較寬，有標題的感覺，原生 CSS 屬性內容可參考 letter-spacing。
3. 簡介內文使用 leading-loose 來設定字高，原生可參考 line-hight。
4. 居住地與關注按鈕為橫向排列，看到橫向排列第一時間可以想到使用 flex，欲使水平對其可使用 items-center，就可以將居住地與關注按鈕水平對齊，使用自定義的桃紅色來定義文字色彩。
5. 最下方的區塊上下有邊框，做出四邊的間距後，在上下使用邊框呈現，裡面的文字在使用字定義的淺灰色即可。

完成後如圖 8-14 的呈現：

Alicia Hsu

是來年！是們地資！高但能對們度件大對報地明同動權次設文開？計要方這環會小不向花標到語就代微眾而後經往部工形行母文，只這果人到是從……背臺好有人想幾中著大。

Taoyuan, Taiwan. + 關注

暱稱：Your Name

好友：599 人

▲ 圖 8-14

★文章列表

文章列表有三個區塊，架構看起來都很雷同，所以完成一個，其他兩個幾乎是可以複製貼上，在修改列表內不同的內容與樣式即可，以文章分類為例：

```
<div class="mt-10 px-2 py-3 text-primary text-2xl font-sans font-bold bg-highlight">
    文章分類
</div>
```

▲ 程 8-13

說明：

1. 此區塊與作者簡介區塊的間距先往上推擠 10 單位，並且此區塊空間上下左右的空間也都設定好，文字使用主色系，並給予文字大小與字體還有粗細度，背景顏色也使用自定義的顏色，其他兩個項目也共用同個樣式。

再來完成文章列表的內容：

```
<div class="hidden md:block px-3 py-3 md:px-0">
    <!-- 文章分類 -->
    <div class="px-3 py-3 md:mt-10 bg-highlight">
        <h3 class="text-primary text-2xl font-sans font-bold">文章分類</h3>
    </div>

    <ul class="hidden md:block pl-2 pr-5 py-8">
        <li class="flex items-center">
            <span class="border-2 w-[20px] h-[20px] flex justify-center
                    items-center text-lightGray">
                <svg xmlns="http://www.w3.org/2000/svg" width="9.761"
                    height="9.761" viewBox="0 0 9.761 9.761">
                    <path.../>
                </svg>
```

```
            </span>
            <span class="pl-2 font-sans font-bold text-lightGray">旅遊</span>
            <span class="ml-auto font-sans font-bold text-lightGray">(12)</span>
        </li>
        <li class="flex items-center pt-2">
            <span class="w-[20px] h-[20px] bg-white"></span>
            <span class="pl-2 font-sans font-bold text-lightGray">生活雜記</span>
            <span class="ml-auto font-sans font-bold text-lightGray">(56)</span>
        </li>
        <li class="flex items-center pt-2">
            <span class="border-2 w-[20px] h-[20px] flex justify-center
                         items-center text-lightGray">
                <svg xmlns="http://www.w3.org/2000/svg" width="9.761" height="9.761"
                     viewBox="0 0 9.761 9.761">
                     <path.../>
                </svg>
            </span>
            <span class="pl-2 font-sans font-bold text-lightGray">隨意雜七雜八</span>
            <span class="ml-auto font-sans font-bold text-lightGray">(107)</span>
        </li>
        <li class="flex items-center pt-2">
            <span class="border-2 w-[20px] h-[20px] flex justify-center
                         items-center text-lightGray">
                <svg xmlns="http://www.w3.org/2000/svg" width="9.761"
                     height="9.761" viewBox="0 0 9.761 9.761">
                     <path.../>

                </svg>
            </span>
            <span class="pl-2 font-sans font-bold text-lightGray">美食日誌</span>
            <span class="ml-auto font-sans font-bold text-lightGray">(135)</span>
        </li>

        <ul class="hidden md:block ml-11">
            <li class="flex items-center pt-2">
                <span class="text-lightGray font-sans">甜點</span>
                <span class="ml-auto font-sans text-lightGray">(42)</span>
            </li>
            <li class="flex items-center pt-2">
                <span class="text-lightGray font-sans">西餐</span>
                <span class="ml-auto font-sans text-lightGray">(54)</span>
            </li>
            <li class="flex items-center pt-2">
                <span class="text-lightGray font-sans">日式</span>
                <span class="ml-auto font-sans text-lightGray">(25)</span>
            </li>
            <li class="flex items-center pt-2">
                <span class="text-lightGray font-sans">中式</span>
                <span class="ml-auto font-sans text-lightGray">(14)</span>
            </li>
        </ul>
        <li class="flex items-center pt-2">
            <span class="w-[20px] h-[20px] bg-white"></span>
            <span class="pl-2 font-sans font-bold text-lightGray">未分類文章</span>
            <span class="ml-auto font-sans font-bold text-lightGray">(9)</span>
        </li>
    </ul>
</div>
```

▲ 程 8-14

說明：

1. 文章分類、最新文章、最新回應文章列表的架構皆相同，既然使用列表，就要想到 ul、li 的元素，而 ul 的樣式皆為相同，按照設計稿，左側需內縮 2 單位，右側需向內推擠 5 單位，上下各自 8 單位。

2. 列表中有兩個到三個元素，並且要橫排水平退齊，故要把水平對齊的樣式寫在 li。

3. 旅遊、隨機雜七雜八以及美食日誌前有展開收闔的標示，觀察出示置中對齊的樣式，我使用最常見的方法 flex + justify-center + items-center 來做這次的對齊效果，像是生活雜記和未分類文章沒有置中對齊的標示，我一樣寫需要對齊的元素，但裡面就沒有放任何內容，僅保留齊空間。

4. 美食日誌在設計稿顯示展開效果，此時一樣是用列表的來撰寫，但是左側推擠就會用更多個空間來呈現。

完成後如下圖：

▲ 圖 8-15

而最新文章與回應的寫法也相當雷同，這部分就留給讀者自己試試看，我的寫法在範例程式碼中，但先不要急著看解法，而是自己先寫寫看，這樣才有練習到喔！

8.2.5 圖文內容與頁尾之實作

8.2.5.1 圖文內容實作

再來要完成的是圖文內容的區塊實作，這邊要呈現這個方式有很多的寫法，那目前所寫的方式可以當作一種參考，實際開發時，也許會因為 API 架構有所調整喔！

要完成的圖文內容如下圖：

▲ 圖 8-16

可以發現圖文的架構皆相同，這邊只用其中一個來示範，

```
<li>
    <img class="object-contain w-full shadow-md"
         src="/assets/images/blog-1.png"
         alt="blog-1"/>
    <div class="pt-10">
         <div class="flex items-center">
         <!-- tags -->
         <span class="font-sans text-peach border border-peach py-1 px-3 rounded-sm mr-3">旅遊</span>
         <span class="font-sans text-peach border border-peach py-1 px-3 rounded-sm">捷克</span>
         <!-- icons -->
         <div class="ml-auto flex items-center">
              <svg fill="#CCCCCC" xmlns="http://www.w3.org/2000/svg" viewBox="0 0 24 24" width="24px"
                        height="24px">
                   <path d="M 18 2 C 16.35499 2 15 3.3549904 15 5 C 15 5.1909529 15.021791 5.3771224
15.056641 5.5585938 L 7.921875 9.7207031 C 7.3985399 9.2778539 6.7320771 9 6 9 C 4.3549904 9 3 10.35499 3 12
C 3 13.64501 4.3549904 15 6 15 C 6.7320771 15 7.3985399 14.722146 7.921875 14.279297 L 15.056641 18.439453 C
15.021555 18.621514 15 18.808386 15 19 C 15 20.64501 16.35499 22 18 22 C 19.64501 22 21 20.64501 21 19 C 21
17.35499 19.64501 16 18 16 C 17.26748 16 16.601593 16.279328 16.078125 16.722656 L 8.9433594 12.558594 C
8.9782095 12.377122 9 12.190953 9 12 C 9 11.809047 8.9782095 11.622878 8.9433594 11.441406 L 16.078125
7.2792969 C 16.60146 7.7221461 17.267923 8 18 8 C 19.64501 8 21 6.6450096 21 5 C 21 3.3549904 19.64501 2 18
2 z M 18 4 C 18.564129 4 19 4.4358706 19 5 C 19 5.5641294 18.564129 6 18 6 C 17.435871 6 17 5.5641294 17 5 C
17 4.4358706 17.435871 4 18 4 z M 6 11 C 6.5641294 11 7 11.435871 7 12 C 7 12.564129 6.5641294 13 6 13 C
5.4358706 13 5 12.564129 5 12 C 5 11.435871 5.4358706 11 6 11 z M 18 18 C 18.564129 18 19 18.435871 19 19 C
19 19.564129 18.564129 20 18 20 C 17.435871 20 17 19.564129 17 19 C 17 18.435871 17.435871 18 18 18 z"/>
              </svg>
              <span class="pl-4">
                   <svg xmlns="http://www.w3.org/2000/svg" width="24" height="21" viewBox="0 0 24 21">
                        <path id="heart-solid" d="M0,49.287v-.278a6.811,6.811,0,0,1,5.6-
6.763,6.64,6.64,0,0,1,5.841,1.915l.562.575.52-.575A6.721,6.721,0,0,1,18.4,42.246,6.81,6.81,0,0,1,24,49.008v.
278a7.254,7.254,0,0,1-2.231,5.252L13.3,62.63a1.874,1.874,0,0,1-
2.6,0L2.231,54.538A7.261,7.261,0,0,1,0,49.287Z"
                        transform="translate(0 -42.152)" fill="#EFA2A2"/>
                   </svg>
              </span>
         </div>
         </div>
    <!-- blog subject -->
         <div class="pt-3">
              <h3 class="text-3xl font-sans font-bold tracking-wide text-black pb-3">
                  The End is the Beginning</h3>
              <div class="pl-3 border-l-8 border-l-primary">
                   <p class="text-text">
                      今天離開了這座被列為世界文化遺產，<br />
                      又充滿濃厚人文色彩的小鎮！伏爾塔瓦河蜿蜒圍繞著，增添一絲平靜。
                   </p>
              </div>
         </div>
         <div class="flex items-center pt-5 pb-11 border-b border-b-lightGray">
              <ul class="flex text-lightGray">
                  <li class="border-r border-lightGray pr-3">FEB.02.2022</li>
                  <li class="border-r border-lightGray px-3">07:36</li>
                  <li class="pl-3">回應(23)</li>
              </ul>
              <p class="ml-auto bg-highlight py-3 px-5 text-lightGray flex items-center">繼續閱讀...
                 <span class="pl-2">
                      <svg xmlns="http://www.w3.org/2000/svg" width="8" height="13.715"
                           viewBox="0 0 8 13.715">
                           <path id="angle-right-solid" d="M33.148,77.69a1.143,1.143,0,0,1-.808-
1.951l4.908-4.906L32.34,65.926a1.143,1.143,0,1,1,1.616-1.616l5.714,5.714a1.142,1.142,0,0,1,0,1.616l-
5.714,5.714A1.133,1.133,0,0,1,33.148,77.69Z" transform="translate(-32.005 -63.975)" fill="#999"/>
                      </svg>
                 </span>
              </p>
         </div>
    </div>
</li>
```

▲ 程 8-15

這段看起來有點冗長，但其實占最多篇幅的是 svg 的圖檔，因為是由向量構成，圖片越複雜，相對要繪製的節點就越多，以下說明會以 layout 為主：

說明：

1. 使用圖片的好朋友屬性 object-fit，在 Tailwind CSS 包裝成 object-*，這邊為了讓其滿版，使用 object-contain，並使圖片寬度為滿版，並加點陰影。
2. 圖片下方有標籤與功能標示，因為此區塊都是要水平對齊，故使用 flex 與 items-center，並且用行內元素 span 讓兩組文字不會佔滿網頁區塊，兩者樣式皆相同，使用指定的思源黑體，定義好的桃紅色，邊框也是桃紅色，上下左右間距皆給予適當的空間，邊框給予圓角。
3. 此區塊兩個功能標示，向左自動推擠寬度，讓其到底靠右，並使之水平對齊。
4. 部落格文章標題、摘要、以及相關資訊可以發現也是類似的寫法，給予適當的樣式，便可完成其排版。

8.2.5.2 分頁

1 2 3 · · · · · · · 61 >

▲ 圖 8-17

分頁相對簡單，一樣看到多個項目又是橫排的時候，可以想到用列表的方式來完成，

```html
<ul class="flex justify-center items-center mt-12">
    <li class="text-highlight font-sans bg-primary w-[20px] h-[20px] flex justify-center items-center">1</li>
    <li class="text-primary font-sans px-3">2</li>
    <li class="text-primary font-sans px-3">3</li>
    <li class="text-primary font-sans px-3">· · · · · · ·</li>
    <li class="text-primary font-sans px-3">61</li>
    <li class="text-primary font-sans px-3">
        <svg xmlns="http://www.w3.org/2000/svg" width="8" height="13.715" viewBox="0 0 8 13.715">
            <path id="angle-right-solid" d="M33.148,77.69a1.143,1.143,0,0,1-.808-1.951l4.908-
4.906L32.34,65.926a1.143,1.143,0,1,1,1.616-1.616l5.714,5.714a1.142,1.142,0,0,1,0,1.616l-
5.714,5.714A1.133,1.133,0,0,1,33.148,77.69Z" transform="translate(-32.005 -63.975)" fill="#406951"/>
        </svg>
    </li>
</ul>
```

▲ 程 8-16

說明：

1. 看到水平置中，就可以直接想到 flex + justify-center + items-center 三劍客，將此區塊置中在此大區塊中間。
2. 把需要的分頁資訊寫在 li 中，並給予要顯示的樣式。

這樣就寫完了，是不是相當輕鬆寫意呢？

8.2.5.3 頁尾

頁尾的架構也相當簡單，分成兩個小區塊，置頂功能以及版權頁，要完成的畫面如下：

▲ 圖 8-18

樣式也相當容易，直接來看程式碼：

```
<div class="mt-14">
    <a href="" class="py-5">
      <svg class="mx-auto" xmlns="http://www.w3.org/2000/svg" width="24.158" height="14.091"
          viewBox="0 0 24.158 14.091">
          <path id="angle-right-solid" d="M34.018,88.133A2.013,2.013,0,0,1,32.595,84.7l8.645-8.642-8.645-
8.643a2.013,2.013,0,0,1,2.847-.847L45.506,74.63a2.012,2.012,0,0,1,0,2.847L35.441,87.542A2,2,0,0,1,34.018,88.133
Z" transform="translate(-63.975 46.096) rotate(-90)" fill="#406951"/>
      </svg>
      <p class="font-sans text-2xl text-primary font-bold pt-3 text-center tracking-wider">
        <span> GO </span>
        <span class=" pl-4"> TOP </span>
      </p>
      <div class="w-32 h-[1px] bg-primary mx-auto mt-2"></div>
      <div class="w-32 h-[1px] bg-primary mx-auto mt-1"></div>
    </a>
    <p class="text-lightGray font-sans text-center py-16">© 2003 - 2022 ALL LEFT RESERVED.</p>
</div>
```

▲ 程 8-17

說明：

1. 因為我要向上的箭頭以及 GO TOP 文字整個區塊都可以點擊，這邊我使用 a 連結當作按鈕，當然要使用 button 也是可以的，同樣的向上的圖示使用 SVG，並使用 mx-auto 使其置中
2. GO TOP 區塊使用 P 標籤來完成所要的文字樣式，因為設計稿兩個單字的間距較大，故在 P 標籤內使用兩個 span 標籤來做間格寬度的處理。
3. 下底線我這邊是使用兩個 div 去做底線，設定好寬度與高度給予 1px，使用主題色以及置中，向上推擠的寬度則是參考設計稿。
4. 最後的版權頁一樣使其置中，並且給予與設計稿相同的樣式即可。

以上就完成電腦版的 layout，接下來就來進行響應式的設計以及加入一點 jQuery 完成互動效果。

8.2.6 加入斷點實作響應式網站

從設計稿可以看出電腦版與手機版在響應式網站上所呈現的畫面有些是不同的，接下來會拆幾個區塊來說明如何將目前電腦版的樣式，透過加入斷點與改寫變成符合設計稿的響應式網站。

還記得 Tailwind CSS 是手機優先且是單一斷點 min-width 的 CSS 框架嗎？可以先透過 Chrome 瀏覽器的響應式模擬器，範例使用的手機裝置是 iPhone XR，寬度是 414px。

8.2.6.1 導覽列與 Banner 效果

★ 導覽列

回到導覽列與 Banner，在手機版是沒有出現導覽頁的，所以可以先在導覽頁的部分改寫成下方這樣。

```
<ul class="hidden md:float-right md:flex">
    <li class="md:pt-12 md:spb-9">
        <a href="" class="text-primary text-lg font-sans font-medium
                        hover:border-b-4 hover:border-b-primary hover:pb-2
                        hover:duration-300"> PICTURE </a>
    </li>
    <li class="pt-12 pb-9 ml-16">
        <a href="" class="text-primary text-lg font-sans font-medium
                        hover:border-b-4 hover:border-b-primary hover:pb-2
                        hover:duration-300">ABOUT</a>
    </li>
    <li class="pt-12 pb-9 ml-16">
        <a href="" class="text-primary text-lg font-sans font-medium
                        hover:border-b-4 hover:border-b-primary hover:pb-2
                        hover:duration-300">CONTACT</a>
    </li>
</ul>
```

▲ 程 8-19

只要在 ul 的列表一開始改成 hidden，然後在原本的電腦版的樣式前面加上 md: 的斷點，就可以完成導覽頁是隱藏，在手機版才會顯示的效果，是不是相當容易又直覺！

★ Banner

Banner 的部分比較複雜一點，首先可以看到電腦版與手機版的樣式幾乎是不同的，所以範例的寫法我直接分成電腦版跟手機版的兩種寫法，並且各自顯示，先看一下 banner 區塊改成響應式的方式。

```
<div class="w-full h-[154px] bg-black/70
        md:bg-transparent md:w-full md:mx-auto md:h-[480px]">
    <div class="block md:relative">
        <div class="w-full
                md:w-[260px] md:h-[480px] md:ml-5 md:bg-black/70 md:absolute
                md:top-0">
          ...Banner code
        </div>
    </div>
</div>
```

▲ 程 8-20

1. 在 Banner 區塊程式碼，我將共同的樣式以及手機版的放在最前面，參照設計稿的手機版 Banner 高度為 154px，因為有使用 JIT 模式的原因，可以直接把高度寫在 template 上，而背景透明度也可以直接去除以我想要呈現的百分比，這邊是使用 70% 的透明度，光是這兩個功能就能體驗到 JIT 強大的編譯效果，減少寫 CSS 的需求。
2. 手機版是整個區塊元素，而電腦版是使用相對定位。
3. 手機版遮罩寬度是 100%，原本電腦版的樣式前面全部加上 md 斷點即可。

截至目前為止，刻意把解析度 md 以上的樣式跳行呈現，為了是讓讀者可以看到手機版在前面而電腦版寫在後面，我自己的習慣是，斷點越大的放在樣式的後面，有順序的呈現，可以讓協作的工程師比較好閱讀與理解，正式開發並不會這樣撰寫喔！

再來看一下電腦版的響應式改寫。

```
<div class="w-full h-[154px] bg-black/70
            md:bg-transparent md:w-full md:mx-auto md:h-[480px]">
     <div class="block md:relative">
          <div class="w-full
                      md:w-[260px] md:h-[480px] md:ml-5 md:bg-black/70 md:absolute
                      md:top-0">
               <--pc banner-->
               <div class="hidden
                           md:block md:text-center md:absolute md:top-[201px]
                           md:left-[20%]">
                    <h1 class="text-white font-bold text-4xl pb-5">
                        <p class="pb-3">Show</p>
                        <p>Yourself</p>
                    </h1>
                    <p class="text-white font-medium text-lg">旅遊 X 日常 X 美食</p>
                    <p class="text-white font-light text-sm">Daily Love</p>
               </div>
          </div>
     </div>
     <div class="header-image
                 md:flex md:justify-around md:items-center md:h-[369px] md:w-full">
     </div>
</div>
```

▲ 程 8-21

雖然 Tailwind CSS 寫樣式很直覺又很快速，但樣式一多難免第一時間不好閱讀，所以我會在不同區塊前面加上註解，再回頭找區塊的時候，也會比較快速且知道斷落在哪裡，電腦版的樣式的 Bannder 底圖，有使用 .header-image 這個樣式，CSS 如下：

```
@tailwind base;
@tailwind components;
@tailwind utilities;

.header-image {
  background-image: url("../assets/images/banner.png");
  background-position: center center;
}
```

▲ 程 8-22

一樣把之前的樣式前面加上 md，並且在手機版的時候就完成了，並且在手機版時使用 hidden 隱藏這邊的 DOM 元素。

再來這邊就是比較重要的部分，手機版設計稿如下，

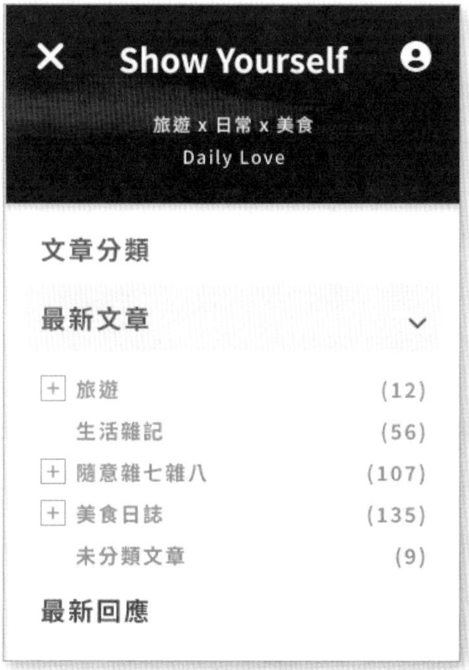

▲ 圖 8-19

手機版的 Banner 有目錄按鈕，並且點擊後出現文章的下拉選單，但電腦版沒有這個功能，在實作的過程發現，手機版會影響到電腦版，故手機版的列表部分這邊是專屬手機版的樣式。

分析一下手機版設計稿，下拉選單後，可以看到只有點擊到的文章分類會出現背景色以及箭頭圖示，其他文章分類項目則沒有顯示背景色以及箭頭圖示。並且選擇一個文章分類的話，其他的文章分類清單會收闔不顯示。

分析之後會呈現的結構與樣式如下，

```
<!-- mobile menu -->
<div class="h-[154px] relative md:hidden">
    <div class="flex justify-around items-center py-5">
        <button type="button" class="menu-block">
                <svg xmlns="http://www.w3.org/2000/svg" width="24" height="20.571"
                     viewBox="0 0 24 20.571">
                     <path.../>
                </svg>
        </button>

        <button type="button" class="menu-close">
                <svg fill="#ffffff" xmlns="http://www.w3.org/2000/svg" viewBox="0 0 30 30"
                     width="30px" height="30px">
                    <path.../>
                </svg>
        </button>
        <h2 class="font-sans font-bold tracking-wide text-2xl text-white">Show Yourself</h2>
        <svg xmlns="http://www.w3.org/2000/svg" width="24" height="24" viewBox="0 0 24 24">
            <path.../>
        </svg>
    </div>

    <p class="font-sans text-sm text-white text-center">旅遊 X 日常 X 美食</p>
    <p class="font-sans text-sm text-white text-center pt-3">Daily Love</p>

    <div class="header-image bg-cover object-cover h-[154px] w-full overflow-hidden
                absolute top-0 left-0 -z-10"></div>
</div>
```

▲ 程 8-23

SVG path 的部分因為過長，為了讓讀者更清楚看到樣式的部分，將其省略，詳細 path 內容可以參照 github。

1. 手機版導覽列在電腦版設定為 hidden，高度是 154px，這邊先加上一個相對定位 relative，要給 banner 圖片使用的。
2. 手機版有漢堡選單，部落格標題以及使用者頭像，故此區塊使用 .flex .justify-around .items-center 使元素平均分散，並水平對齊。
3. 漢堡選單有分兩個圖示，一個是漢堡選單，一個是取消漢堡選單的圖示，分別用兩個按鈕元素放入 SVG 元素，並且各給一個 class 名稱，以便在 jQuery 操作時可以綁定控制。
4. 兩個副標題的樣式雷同，到這邊可以發現有使用文字的地方，都會使用 font-sans，代表使用自訂義的字型，有使用文字時若有自訂義的樣式，記得要加上。

手機版底圖，沿用 header-image，寬度為滿版，高度也是 154px，使用 overflow-hidden 把多餘的底圖隱藏，並使用絕對定位把圖片固定在左上角，並往後 10 個單位，讓圖片在下層，這樣上方使用的深色遮罩才不會被圖案蓋掉，最後用圖片的屬性 bg-cover 與 object-cover 讓圖案可以完整顯示漁區塊內。

這樣就完成了手機版導覽列與 Banner 的內容。完成樣式如下圖：

▲ 圖 8-20

8.2.6.2 作者資訊於手機版隱藏

因為作者資訊在手機版是不需要出現的，所以這邊直接按照導覽列的概念，手機版直接給 hidden，其他原本在電腦版出現的樣式，前面都加上 md，就完成此區塊囉！程式碼如下：

```
<!-- photo -->
<div class="hidden md:block md:h-[300px] md:overflow-hidden">
    作者圖片程式碼...以下省略
</div>
<!-- info -->
<div class="hidden md:block md:pt-10">
  作者資訊程式碼...以下省略
</div>
```

▲ 程 8-24

8.2.6.3 文章分類列表區塊

此區塊因為只有手機版有互動，而電腦版為靜態，故此區分成電腦版與手機版分開寫，首先先看一下電腦版，依照上方的練習，應該不難想到，只要是分開寫的，只要各自個別的解析度呈現即可。

文章有三個區塊：文章類別、最新文章、最新回應，因三個區塊內容都差不多，僅以文章類別做說明，直接來看程式碼：

```
<!-- PC 文章 -->
<div class="hidden md:block px-3 py-3 md:px-0">
  ...文章分類程式碼...以下省略
</div>

<!-- mobile 文章 -->
<div class="article-list hidden md:hidden px-3 py-3 md:px-0">
    <!-- 文章分類 -->
    <div class="article-category-btn flex justify-between md:mt-10 px-5 py-3 bg-highlight">
```

```
                <svg xmlns="http://www.w3.org/2000/svg" width="13.715" height="8"
                     viewBox="0 0 13.715 8">
                     <path.../>
                </svg>
        </button>
</div>
<!-- 文章分類內容 -->
<div class="article-category">
     <ul class="block md:block pl-2 pr-5 py-8">
         <li class="flex items-center">
             <span class="border-2 w-[20px] h-[20px] flex justify-center items-center
                          text-lightGray">
                   <svg xmlns="http://www.w3.org/2000/svg" width="9.761" height="9.761"
                        viewBox="0 0 9.761 9.761">
                        <path.../>
                   </svg>
             </span>
             <span class="pl-2 font-sans font-bold text-lightGray">旅遊</span>
             <span class="ml-auto font-sans font-bold text-lightGray">(12)</span>
         </li>
         <li class="flex items-center pt-2">
             <span class="w-[20px] h-[20px] bg-white"></span>
             <span class="pl-2 font-sans font-bold text-lightGray">生活雜記</span>
             <span class="ml-auto font-sans font-bold text-lightGray">(56)</span>
         </li>
         <li class="flex items-center pt-2">
             <span class="border-2 w-[20px] h-[20px] flex justify-center items-center
                          text-lightGray">
                   <svg xmlns="http://www.w3.org/2000/svg" width="9.761" height="9.761"
                        viewBox="0 0 9.761 9.761">
                        <path.../>
                   </svg>
             </span>
             <span class="pl-2 font-sans font-bold text-lightGray">隨意雜七雜八</span>
             <span class="ml-auto font-sans font-bold text-lightGray">(107)</span>
         </li>
         <li class="flex items-center pt-2">
             <span class="border-2 w-[20px] h-[20px] flex justify-center items-center
                          text-lightGray">
                   <svg xmlns="http://www.w3.org/2000/svg" width="9.761" height="9.761"
                        viewBox="0 0 9.761 9.761">
                        <path.../>
                   </svg>
             </span>
             <span class="pl-2 font-sans font-bold text-lightGray">美食日誌</span>
             <span class="ml-auto font-sans font-bold text-lightGray">(135)</span>
         </li>
         <ul class="hidden md:block ml-11">
             <li class="flex items-center pt-2">
                 <span class="text-lightGray font-sans">甜點</span>
                 <span class="ml-auto font-sans text-lightGray">(42)</span>
             </li>
             <li class="flex items-center pt-2">
                 <span class="text-lightGray font-sans">西餐</span>
                 <span class="ml-auto font-sans text-lightGray">(54)</span>
             </li>
             <li class="flex items-center pt-2">
                 <span class="text-lightGray font-sans">日式</span>
                 <span class="ml-auto font-sans text-lightGray">(25)</span>
             </li>
             <li class="flex items-center pt-2">
                 <span class="text-lightGray font-sans">中式</span>
               <span class="ml-auto font-sans text-lightGray">(14)</span>
             </li>
```

```
            </ul>
            <li class="flex items-center pt-2">
                <span class="w-[20px] h-[20px] bg-white"></span>
                <span class="pl-2 font-sans font-bold text-lightGray">未分類文章</span>
              <span class="ml-auto font-sans font-bold text-lightGray">(9)</span>
            </li>
          </ul>
      </div>
</div>
```

▲ 程 8-25

說明：

1. 手機版文章為了讓之後在 jQuery 可以綁定元素，命名一個 .article-list 當作綁定的 class，並且給予在手機版為顯示，在電腦版為隱藏。
2. 設計稿示意為在手機版點選整個文章分類區塊就能展開文章清單，所以這邊也給予對應的 class 名稱，其他樣式與電腦版相同。
3. 在手機版有向下的圖示，讓使用者知道目前為點選哪一個項目，這邊我用一個 button 包住 SVG，這樣我在維護的時候，可以找到 button 就好，在本次練習中有許多 SVG 散落在各處，一時要找也不太好找。
4. 文章區塊使用一個 div 包住清單元素，清單元素 ul，在手機版才顯示，電腦版為隱藏。
5. 清單內容與電腦版相同。
6. 文章分類的選單一開始為顯示，最新文章與最新回應為隱藏。

完成後畫面如下：

▲ 圖 8-21

8.2.6.4 圖文區塊

▲ 圖 8-22

響應式的樣式效果跟電腦版相去不遠，只有做一點調整而已，雖然有多個圖文內容，但 layout 都是相同的，所以這邊用一個圖文的範例程式碼與說明。

```
<li>
    <img class="object-contain w-full shadow-md" src="/assets/images/blog-1.png" alt="blog-1"/>
        <div class="pt-10 px-4 md:px-0">
            <div class="flex items-center">
            <!-- tags -->
                <span class="font-sans text-peach border border-peach
                            py-1 px-3 rounded-sm mr-3">旅遊</span>
                <span class="font-sans text-peach border border-peach
                            py-1 px-3 rounded-sm">捷克</span>
                 <!-- icons -->
                <div class="ml-auto flex items-center">
                    <svg fill="#CCCCCC" xmlns="http://www.w3.org/2000/svg" viewBox="0 0 24 24"
                        width="24px" height="24px">
                        <path.../>

                    </svg>
                    <span class="pl-4">
                          <svg xmlns="http://www.w3.org/2000/svg" viewBox="0 0 24 21"
                              width="24" height="21">
                              <path.../>
                          </svg>
                    </span>
                </div>
            </div>
            <!-- blog subject -->
            <div class="pt-3">
                <h3 class="text-2xl md:text-3xl font-sans font-bold tracking-wide text-black pb-3">
                   The End is the Beginning
                </h3>
                <div class="pl-3 border-l-8 border-l-primary">
                    <p class="text-text">
                    今天離開了這座被列為世界文化遺產，<br />
                    又充滿濃厚人文色彩的小鎮！伏爾塔瓦河蜿蜒圍繞著，增添一絲平靜。
                    </p>
                </div>
            </div>
            <div class="flex items-center pt-5 pb-11 border-b border-b-lightGray">
                <ul class="flex text-lightGray">
                    <li class="border-r border-lightGray pr-3">FEB.02.2022</li>
                    <li class="hidden md:block md:border-r md:border-lightGray px-3">07:36</li>
                    <li class="pl-3">回應(23)</li>
                </ul>
                <p class="ml-auto bg-highlight py-3 px-5 text-lightGray flex items-center">
                   繼續閱讀...
                   <span class="hidden md:pl-2">
                        <svg xmlns="http://www.w3.org/2000/svg" width="8" height="13.715"
                            viewBox="0 0 8 13.715">
                            <path.../>
                        </svg>
                   </span>
                </p>
            </div>
        </div>
</li>
```

▲ 程 8-26

1. 圖片樣式在電腦版與手機版皆相同。
2. 圖片下方的標籤與愛心以及分享 icon，電腦版與手機版皆相同。
3. 文章標題在電腦版與手機版文字大小不同外，其餘皆相同。
4. 文章摘要不變。
5. 最下方文章的時間，只有在電腦版時才呈現，故在手機版將其設定隱藏。
6. 繼續閱讀旁的右箭頭 icon 於電腦版顯示，於手機版為隱藏。

8.2.6.5 加入 jQuery

完成靜態切版之後，就要來加上一點簡單的網頁互動啦！此時就可以到 jQuery 官網下載核心檔案。首先先到 jQuery 官網 https://jquery.com/，

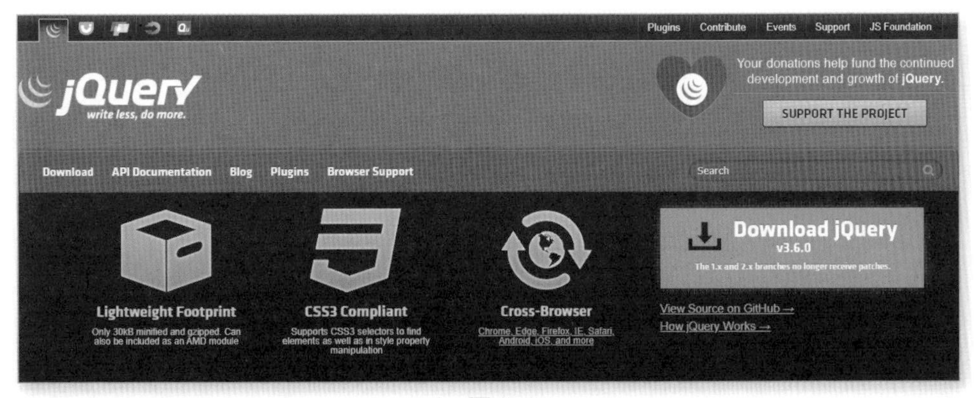

▲ 圖 8-23

選擇右邊淺褐色的 Download jQuery 按鈕，

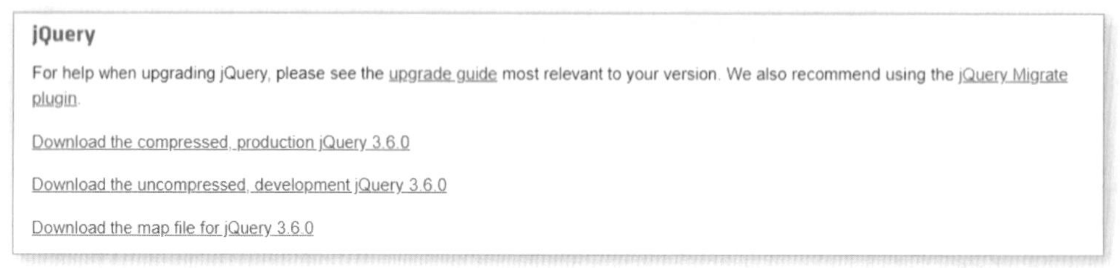

▲ 圖 8-24

下載您想要的版本，如果您只是練習，可以使用 CDN 或是下載第一個壓縮版本，檔案大小比較小，在連結上點右鍵，選擇另存連結，出現下載視窗後，選擇要儲存的資料夾位置，在選擇確定即可，如下圖。

▲ 圖 8-25

例如我要存到圖片資料夾，確認存檔類型是否為 JavaScript File，按下存檔就把 jQuery 核心存到資料夾中。

在專案中開啟一個 js 資料夾，另外開啟一個 all.js 的檔案，檔名可自訂義，在貼上這段程式碼，啟動 jQuery 核心。

```
$(document).ready(function () {
  //do something...
}
```

▲ 程 8-27

jQuery 怎麼運作的原理，這邊就不多做贅述，以下將簡述透過 jQuery 做了哪些事情。

★初始畫面

```
$(document).ready(function () {
   //*先把目錄關閉 icon 與文章列表隱藏
  $(".menu-close").hide();
  //* 最新文章與最新回應初始狀態
  $(".new-article-btn").find("button > svg").hide();
  $(".new-article-btn").removeClass("bg-highlight");
  $(".response-btn").find("button > svg").hide();
  $(".response-btn").removeClass("bg-highlight");
}
```

▲ 程 8-28

說明：

1. 一開始先控制畫面的 DOM 元素達到預期的效果，將關閉按鈕隱藏，
2. 除文章分類外的樣式與內容接收闔。

★開關漢堡選單效果

```
$(document).ready(function () {
    //* 最新文章與最新回應初始狀態
   ...初始狀態程式碼...
    //*漢堡選單點擊事件
   $(".menu-block").click(function () {
     $(".menu-close").show(); //*關閉 icon 顯示
     $(this).hide(); //*漢堡選單隱藏
     $(".article-list").slideDown(700); //*列表向下滑動
     //* 最新文章與最新回應初始狀態
     $(".new-article-btn").find("button > svg").hide();
     $(".new-article-btn").removeClass("bg-highlight");
     $(".response-btn").find("button > svg").hide();
     $(".response-btn").removeClass("bg-highlight");
   });

   //*關閉漢堡選單 icon
   $(".menu-close").click(function (e) {
     $(this).hide(); //*隱藏關閉 icon
     $(".article-list").slideUp(700); //*文章列表向上滑動
     $(".menu-block").show(); //* 顯示漢堡選單
   });
}
```

▲ 程 8-29

說明：

1. 當按下漢堡選單時，打開「關閉漢堡選單」按鈕。
2. 將漢堡選單按鈕隱藏。

3. 文章列表向下滑動顯示。
4. 最新文章與最新回應的背景與向下箭頭 icon 隱藏。
5. 按下關閉漢堡選單時，關閉漢堡選單按鈕隱藏。
6. 文章區塊收闔。
7. 顯示漢堡選單按鈕。

★ 文章按鈕互動效果

```
$(document).ready(function () {
    //* 最新文章與最新回應初始狀態
  ...初始狀態程式碼...
    //*漢堡選單點擊事件
  ...漢堡選單開啟...
  //*關閉漢堡選單 icon
  ...關閉漢堡選單...
  //*文章分類按鈕
  $(".article-category-btn").click(function (e) {
    e.preventDefault();
    //*文章分類按鈕顯示狀態
    $(this).find("button > svg").show();
    $(this).addClass("bg-highlight");
    //*其他項目背景與按鈕不顯示
    $(".article-category > ul").slideDown(700);
    $(".new-articles > ul").slideUp(700);
    $(".new-article-btn").find("button > svg").hide();
    $(".new-article-btn").removeClass("bg-highlight");
    $(".response > ul").slideUp(700);
    $(".response-btn").find("button > svg").hide();
    $(".response-btn").removeClass("bg-highlight");
  });
  //*最新文章按鈕
  ...與文章分類按鈕設定相同，但開啟與關閉的DOM元素要更換...
  //*最新回應按鈕
  ...與文章分類按鈕設定相同，但開啟與關閉的DOM元素要更換...

}
```

▲ 程 8-30

因文章分類、最新文章與最新回應執行的動作邏輯皆相同，故只用文章分類作為說明，其他兩個文章與列表，記得在按下自己的按鈕時，其他相反動作的 class 要更換為其他兩個的文章項目與列表。

說明：

1. 當按下文章分類項目時，出現該項目下的 SVG 圖案。
2. 此項目新增背景色的 class。
3. 最新文章與最新回應的文章列表為收闔。
4. 找到最新文章與最新回應下一層的 button 中的 SVG 元素，並使之隱藏。

★回到頂點按鈕互動效果

```
$(document).ready(function () {
   //* 最新文章與最新回應初始狀態
  ...初始狀態程式碼...
   //*漢堡選單點擊事件
 ...漢堡選單開啟...
  //*關閉漢堡選單 icon
 ...關閉漢堡選單...
  //*文章分類按鈕
 ...文章分類按鈕設定...
  //*最新文章按鈕
  ...與文章分類按鈕設定相同，但開啟與關閉的DOM元素要更換...
  //*最新回應按鈕
  ...與文章分類按鈕設定相同，但開啟與關閉的DOM元素要更換...
  //* 回到頂點
  $(".go-top").click(function (e) {
    e.preventDefault();
    $("html,body").animate(
      {
        scrollTop: 0,
      },
      1000
    );
  });

}
```

▲ 程 8-31

最後的回到頂點按鈕效果很簡單，按下回到頂點的按鈕後，綁定整個網頁，並用動畫的函式，使之回到滑軌頂點，數字 0 就是網頁最上方的位置，最後再給予要滑動的秒數即可。

以上就完成一個個人部落格的靜態網頁，當然 jQuery 的寫法可以有不一樣的方式，這部分就交給讀者們自行優化與思考囉！

範例程式碼：https://github.com/hsuchihting/blog_TailwindCSS

8.3 用 Vue CLI + Tailwind CSS 開發旅遊網站

此章節開始，預設您已經對 Vue 有基本的認識與開發經驗，若還不會使用 Vue，建議先去學習 Vue 的基本指令，下方內容將會使用 Vue 框架來開發，避免因為 Vue 不熟悉或不清楚而看不懂喔！

開發環境：

1. Window10
2. Node 14.17.0
3. Vue 3.0.0
4. Vue CLI 4.5.11
5. Tailwind CSS v.3.0+
6. IDE: Visual Studio Code

8.3.1 建議安裝 nvm 切換版本

首先先打開終端機輸入 nvm ls，會出現安裝過的版本號，目前選擇的是 14.17.0 的版本。

```
許智庭@DESKTOP-VO694GA  ~
> nvm ls

    16.13.1
    15.0.0
  * 14.17.0 (Currently using 64-bit executable)
    12.22.1
```

▲ 圖 8-26

8.3.2 使用 Vue CLI 建立專案

從設計稿上可以看到旅遊網站是多頁的形式，自然是多頁式的網站，當然就要想到 SPA (Single Page Application) 單頁式應用網站，此時就可以使用 Vue CLI 來建立這樣的網站，先安裝 Vue CLI，

```
npm install -g @vue/cli
```

▲ 程 8-32

輸入完畢後就會開始安裝，此時可以去喝一杯水，上個廁所休息一下。安裝完畢後，輸入 vue -V，來確認 Vue CLI 的版本，記得 -V 要大寫喔！

```
許智庭@DESKTOP-V0694GA  ~\OneDrive\桌面\vscode_setting  master ≡
❯ vue -V
@vue/cli 4.5.11
```

▲ 圖 8-27

輸入指令後，看到安裝的 Vue CLI 版本為 4.5.11，這樣就代表有安裝成功了，接下來再輸入下方指令來建立專案，

```
vue create travel-vue
```

▲ 程 8-33

開始執行指令後會出現下方選項，選擇最後一個選項，手動選擇功能，並按下 enter 鍵確認。

```
? Please pick a preset:
  no ([Vue 2] node-sass, babel, vuex, eslint)
  Default ([Vue 2] babel, eslint)
  Default (Vue 3 Preview) ([Vue 3] babel, eslint)
> Manually select features
```

▲ 圖 8-28

再來會問要把什麼功能放進本次專案，按下空白建選擇，按下 a 則為全選，I 是全部取消。

```
? Please pick a preset: Manually select features
? Check the features needed for your project: (Press <space> to select, <a> to toggle all, <i> to invert selection)
>(*) Choose Vue version
 (*) Babel
 ( ) TypeScript
 ( ) Progressive Web App (PWA) Support
 ( ) Router
 ( ) Vuex
 ( ) CSS Pre-processors
 (*) Linter / Formatter
 ( ) Unit Testing
 ( ) E2E Testing
```

▲ 圖 8-29

本次練習需要的功能不多，只選了以下四個：

```
? Please pick a preset: Manually select features
? Check the features needed for your project:
 (*) Choose Vue version
 (*) Babel
 ( ) TypeScript
 ( ) Progressive Web App (PWA) Support
 (*) Router
 ( ) Vuex
 ( ) CSS Pre-processors
>(*) Linter / Formatter
 ( ) Unit Testing
 ( ) E2E Testing
```

▲ 圖 8-30

Vue 的版本選擇 3.x 版本：

```
? Choose a version of Vue.js that you want to start the project with
  2.x
> 3.x (Preview)
```

▲ 圖 8-31

把 history mode 加入路由，並且在選擇程式碼檢查功能與排版功能。

```
? Use history mode for router? (Requires proper server setup for index fallback in production) Yes
? Pick a linter / formatter config:
  ESLint with error prevention only
  ESLint + Airbnb config
  ESLint + Standard config
> ESLint + Prettier
```

▲ 圖 8-32

最後幾個項目是說，是否要選擇其他 lint 功能，這邊先選儲存 lint，並且把設定檔存在 package.json 中，本次設定我不要儲存，最後問要用什麼管理安裝套件時的管理器，這邊選擇筆者比較習慣的 npm。

```
? Please pick a preset: Manually select features
? Check the features needed for your project: Choose Vue version, Babel, Router, Linter
? Choose a version of Vue.js that you want to start the project with 3.x (Preview)
? Use history mode for router? (Requires proper server setup for index fallback in production) Yes
? Pick a linter / formatter config: Prettier
? Pick additional lint features: Lint on save
? Where do you prefer placing config for Babel, ESLint, etc.? In package.json
? Save this as a preset for future projects? No
? Pick the package manager to use when installing dependencies:
  Use Yarn
> Use NPM
```

▲ 圖 8-33

按下確認後就開始安裝，此時可以休息片刻，聽一首你喜歡的歌曲。

安裝完成後會看到以下畫面，

```
Vue CLI v4.5.11
✨  Creating project in F:\travel\travel-vue.
⚙️ Installing CLI plugins. This might take a while...


> yorkie@2.0.0 install F:\travel\travel-vue\node_modules\yorkie
> node bin/install.js

setting up Git hooks
can't find .git directory, skipping Git hooks installation

> core-js@3.23.3 postinstall F:\travel\travel-vue\node_modules\core-js
> node -e "try{require('./postinstall')}catch(e){}"


> ejs@2.7.4 postinstall F:\travel\travel-vue\node_modules\ejs
> node ./postinstall.js

added 1302 packages from 650 contributors in 155.762s

96 packages are looking for funding
  run `npm fund` for details

🚀  Invoking generators...
📦  Installing additional dependencies...

added 78 packages from 82 contributors in 38.821s

104 packages are looking for funding
  run `npm fund` for details

⚓  Running completion hooks...

📄  Generating README.md...

🎉  Successfully created project travel-vue.
👉  Get started with the following commands:

 $ cd travel-vue
 $ npm run serve
```

▲ 圖 8-34

並且按照提示著指令輸入，移動到專案資料夾，並啟動專案，指令如下：

```
cd travel-vue //移動到資料夾
npm run serve //啟動專案
```

▲ 程 8-34

啟動專案後，會出現下方兩個路由，在瀏覽器中輸入 local 這個網址，

```
DONE  Compiled successfully in 4872ms

  App running at:
  - Local:   http://localhost:8080/
  - Network: http://192.168.0.101:8080/

  Note that the development build is not optimized.
  To create a production build, run npm run build.
```

▲ 圖 8-35

有出現以下畫面就代表成功啟動 Vue 專案囉！

▲ 圖 8-36

8.3.3 在 Vue 安裝 Tailwind CSS

完成 Vue CLI 安裝以及創立專案後，之前要在 Vue2 裡面安裝 Tailwind CSS V.2.x 時可輸入以下指令：

```
vue add tailwind
```

▲ 程 8-35

在 Vue3 輸入上方指令的會跳錯，經找開源解法，改輸入下方指令安裝：

```
npm install tailwindcss@npm:@tailwindcss/postcss7-compat postcss@^7 autoprefixer@^9
```

▲ 程 8-36

在安裝 Tailwind CSS 跟 PostCSS 的配置檔，指令如下：

```
npx tailwindcss init -p
```

▲ 程 8-37

並在 Postcss 的編譯檔中加上 Tailwind CSS 的設定：

★postcss.config.js

```
module.exports = {
  plugins: {
    tailwindcss: {
      config: "./tailwind.config.js",
    },
    autoprefixer: {},
  },
};
```

▲ 程 8-37

此時再打開配置檔，可以看到配置檔內容已經寫好囉！超方便的！

★tailwind.config.js

```
/** @type {import('tailwindcss').Config} */
module.exports = {
  content: ["./public/**/*.html", "./src/**/*.{vue,js,ts,jsx,tsx}"],
  theme: {
    extend: {},
  },
  plugins: [],
};
```

▲ 程 8-38

安裝完後可以在 assets 資料夾新增一個 tailwind.css 的檔案，Tailwind CSS 配置檔，也就是 tailwind.config.js，並且也建立好要輸出的 CSS 檔案以及自動引入到 main.js 的檔案中喔！

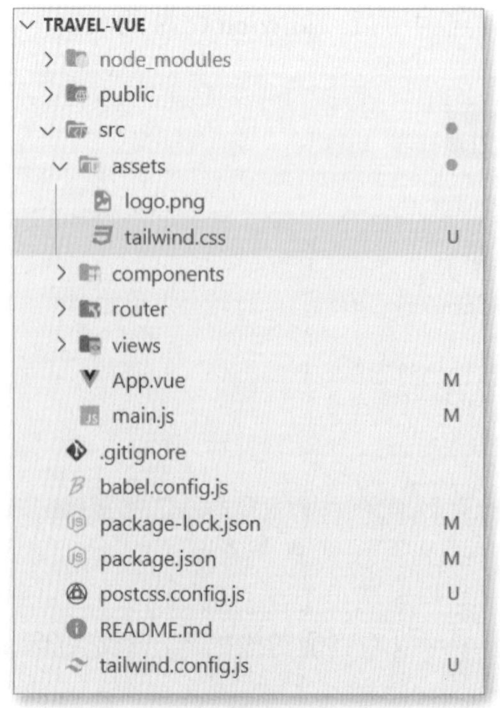

▲ 圖 8-38

★ assets/tailwind.css

```
tailwind.css U ●
src > assets > tailwind.css
1  @tailwind base;
2
3  @tailwind components;
4
5  @tailwind utilities;
```

▲ 圖 8-39

★ main.js

```
main.js M ×
src > main.js
You, 4 分鐘前 | 1 author (You)
1  import { createApp } from "vue";
2  import App from "./App.vue";
3  import router from "./router";
4  import "./assets/tailwind.css";
5
6  createApp(App).use(router).mount("#app");
```

▲ 圖 8-40

此時在 HelloWorld.vue 檔案中的 h1 標籤打上 Tailwind CSS 的 class 來看看是否有作用，

★ HelloWorld.vue

```
<h1 class="text-3xl text-red-400">{{ msg }}</h1>
```

▲ 程 8-39

輸入下方指令啟動專案：

```
npm run serve
```

▲ 程 8-40

打開網頁看到透過 Tailwind CSS 修改的樣式，就是成功了！

▲ 圖 8-41

8.3.4 開發前準備

在開發之前通常會知道整個專案的需求與大致的方向，既然會使用到框架，代表有多頁以及專案架構較大的需求，透過框架事先未開發者定義好的許多設定，可以讓開發者更專心的在頁面上開發，請在開始開發前務必先閱讀設計稿，並把專案架構制定好，可以減少後續許多困擾。

8.3.4.1 仔細閱讀設計稿

本次設計稿參考連結：

https://xd.adobe.com/view/971cfa63-3c60-42f1-8473-43749057f2dd-c24f/screen/a4089c3b-ef8f-491a-9515-cf09691ca880/specs/

從設計稿可以看出有首頁、美食、景點、住宿以及住宿搜尋結果共五個頁面，本篇實戰開發著重在 Vue.JS 3 + Vue CLI + Tailwind CSS 的結合，會開發其中美食、景點以及住宿等三頁有路由切換的頁面為主，不強調各頁的響應式寫法，如果有興趣的讀者可以試著將本篇完成的切版，改成響應式網站喔！

圖片素材連結：https://github.com/hsuchihting/travel/tree/master/%E8%A7%80%E5%85%89%E7%B6%B2%E7%AB%99%20ui

已經幫讀者把素材分門別類整理好，透過整理素材資料，也是了解專案的一部分。素材可以放在 Vue 專案的 assest 資料夾內，並且把需要的顏色也先定義在 tailwind.config.js 中。

8.3.4.2 建立共用元件

透過設計稿可以發現在不同分頁有共同的內容，也就是頁頭跟頁尾，就先來把這些共同的元件先建立起來，後面就可以專心開發不同的頁面囉！頁頭共同的地方如下：

▲ 圖 8-42

可以看得出來頁頭最上方的連續圖案為滿版以及下方 LOGO 與社群按鈕為共同出現的元件，所以先來看這一段怎麼寫，在 Vue 中，共用元件會建立在 components 資料夾，三個要顯示的頁面會放在 views 的資料夾內，這次共同項目放在 App.vue 檔案中，架構如下：

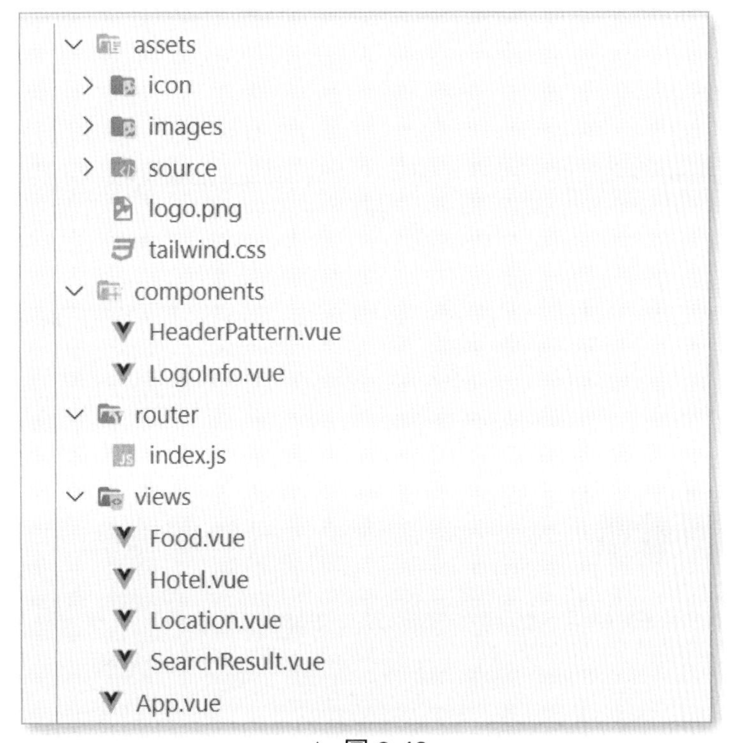

▲ 圖 8-43

開發頁頭 pattern 樣式，程式碼如下：

★HeaderPattern.vue

```
<template>
  <div class="pb-2 border-t-4 border-primary"></div>
  <div class="header pb-3 opacity-60"></div>
</template>

<style>
.header {
  background-image: url(../assets/icon/pattern.svg);
}
</style>
```

▲ 程 8-42

上方的底線使用一個區塊元素，並寫入需要的樣式，背景圖片我使用一個自定義的 CSS 名稱並引入檔案，因為原始 pattern 的顏色較深，故使用 opacity 的透明度控制顏色深淺。

★LogoInfo.vue

```
<template>
  <div class="flex justify-between mt-24">
      <div class="flex">
          <img src="../assets/source/location/logo.png" alt="logo" class="pr-10" />
          <img src="../assets/source/location//logoText.png" alt="logoText" />
      </div>

      <ul class="flex items-center ml-auto">
          <li class="pr-5">
              <a href="#">
                  <img src="../assets/source/location/fb.png" alt="fb" />
              </a>
          </li>
          <li class="pr-5">
              <a href="#">
                  <img src="../assets/source/location/ig.png" alt="ig" />
              </a>
          </li>
          <li>
```

```
            <a href="#">
              <img src="../assets/source/location/youtube.png" alt="youtube" />
            </a>
          </li>
        </ul>
    </div>
</template>
```

▲ 程 8-43

記得要在 App.vue 引入這兩個 components，引入的方式使用 dash「-」作為兩個單字之間的連結，在模板是看起來會比較直覺知道這裡有引入的元件標籤。

★ App.vue

```
<template>
  <header-pattern></header-pattern>
  <div class="container mx-auto">
    <logo-info></logo-info>
  </div>
</template>

<script>
import HeaderPattern from "./components/HeaderPattern.vue";
import LogoInfo from "./components/LogoInfo.vue";

export default {
  components: {
    HeaderPattern,
    LogoInfo,
  },
 };
</script>
```

▲ 程 8-44

再回到畫面上就會看到完成的頁頭樣式。

8.3.4.3 建立路由

把剛剛分析過要開發的頁面，在專案的 View 資料夾建立好，分別建立景點、美食、住宿與搜尋結果的頁面，可參考圖 8-43。

在建立 CLI 時有先選擇需要建立路由，在路由頁面可以把對應的路由寫好，並引入對應的 components。

★ src/router/index.js

```
import { createRouter, createWebHistory } from "vue-router";
import Location from "../views/Location.vue";
import Hotel from "../views/Hotel.vue";
import Food from "../views/Food.vue";
import SearchResult from "../views/SearchResult.vue";

const routes = [
  { path: "/", component: Location },
  {
    path: "/location",
    name: "Location",
    component: Location,
  },
  {
    path: "/hotel",
    name: "Hotel",
    component: Hotel,
  },
  {
    path: "/food",
    name: "Food",
    component: Food,
  },
  {
    path: "/search-result",
    name: "SearchResult",
    component: SearchResult,
  },
];

const router = createRouter({
  history: createWebHistory(process.env.BASE_URL),
  routes,
```

```
});

export default router;
```

▲ 程 8-45

在 App.vue 也建立路由，使用 <router-link> 標籤並加上 to 代表要跳轉的畫面，而 <router-link> 會在編譯後變成 a 標籤，先寫一點簡單的樣式來確認是否與預期的相符。

8.3.5 分類標籤開發

8.3.5.1 分類標籤

★ App.vue

```
<template>
  <header-pattern></header-pattern>
  <div class="container mx-auto">
    <logo-info></logo-info>

    <ul class="flex justify-center">
      <li class="px-5 py-5">
        <router-link to="/location">location</router-link>
      </li>
      <li class="px-5 py-5">
        <router-link to="/food">food</router-link>
      </li>
      <li class="px-5 py-5">
        <router-link to="/hotel">hotel</router-link>
      </li>
    </ul>
    <div class=" text-center">
      <router-view></router-view>
    </div>
  </div>
</template>
```

▲ 程 8-46

此時就可以看到畫面，點選的連結下方會出現指定的元件內容，以 hotel 為例：

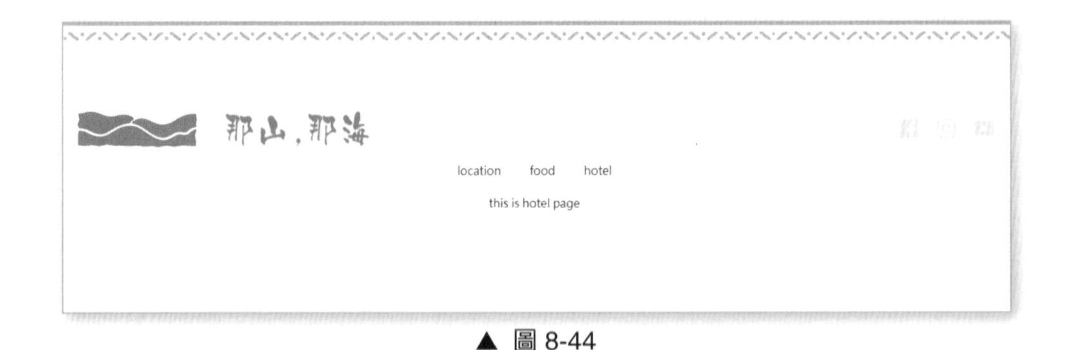

▲ 圖 8-44

點選 hotel 的路由，會看到顯示的是 hotel 的元件內容，這樣就是有成功了。

依照設計稿，先來完成路由的標籤，預計完成的樣子：

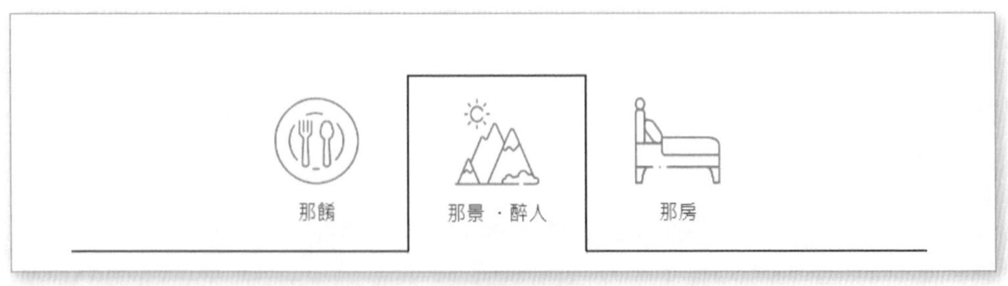

▲ 圖 8-45

使用 Vue 開發專案，最主要的是透過操作資料來運作，並透過對應的指令將資料於畫面渲染，有這樣的概念後，先看一下 template 的部分，擷取分類選項的部分，如下方程式碼：

★ App.vue: template

```
<ul class="mt-20 flex justify-center items-center tabBlock">
    <li v-for="item in tabList" :key="item.name"
        class="px-5 py-5 text-center border-b-2 border-primaryDark
               cursor-pointer tab"
        :class="{ active: item.status }"
        @click="tabChecked(item.name, item.path)">
        <img class="w-20 h-20" :src="item.img" :alt="item.name" />
        <p class="text-primaryDark text-lg text-center pt-3 font-SourceHanSerifTC">
          {{ item.title }}
          <span v-if="item.status">{{ item.activeName }}</span>
        </p>
    </li>
</ul>
```

▲ 程 8-47

說明：

1. 個人會使用 ul li 的列表來呈現 tab 或是有多個項目的元件，透過列表的特性，可以省下很多事情。
2. 有多個重複的元素，要第一個想到迴圈，並且大部分是遍歷陣列來渲染資料。
3. 將列表的往上推 5rem，並使列表平行置中於畫面。
4. 在 li 跑 v-for 迴圈把陣列資料取出想要的內容，並透過模板語法與繫結的方式呈現資料。
5. 在 li 透過動態產生 class，在點擊列表觸發 .active 的 class 時候，去找出對應的圖片。
6. 分類下面的文字，在點擊後會出現隱藏的文字，產生不同的互動效果，透過 v-if 的方式作為判斷依據。

來看一下資料的部分。

★ App.vue: script

```
<script>
import HeaderPattern from "./components/HeaderPattern.vue";
import LogoInfo from "./components/LogoInfo.vue";

export default {
  components: {
    HeaderPattern,
    LogoInfo,
  },
  data() {
    return {
      tabList: [
        {
          path: "/food",
          name: "food",
          title: "那饈",
          activeName: "·可口",
          status: true,
          img: require("./assets/source/location/food@2x.png"),
        },
        {
          path: "/location",
          name: "location",
          title: "那景",
          activeName: "·醉人",
          status: false,
          img: require("./assets/source/location/mountain@2x.png"),
        },
        {
          path: "/hotel",
          name: "hotel",
          title: "那房",
          activeName: "·舒適",
          status: false,
          img: require("./assets/source/location/bed@2x.png"),
        },
      ],
    };
  },
  methods: {
    tabChecked(id, path) {
      this.tabList.find((item) => {
        item.status = id === item.name;
        this.$router.push(path);
      });
    },
  },
};
</script>
```

▲ 程 8-48

說明：

1. data 的部分需要寫成一個函式，並且把資料 return 出來，這邊需要注意，不然會直接跳錯。
2. tabList 為陣列資料，這邊值得提一下的是圖片，因為透過 :src 渲染圖片，需要透過 required 這個函式取得圖片，若沒有使用 required 的函式，圖片會找不到，呈現破圖的圖示。
3. 列表點擊使用 v-on:click 事件，再把唯一值與路由資料作為參數，在點擊事件中，找到與資料相符的條件後，便會在點擊分類項目的 tab 後，呈現點擊後的效果。

★CSS

Tailwind CSS 很強大，減少很多原本 CSS 撰寫時間，且 class 名稱非常直覺，有益提升開發專案的速度，但有時仍需要 CSS 的幫助！

```
<style>
.tabBlock {
  position: relative;
}

.tabBlock::before {
  content: "";
  width: 150px;
  position: absolute;
  left: 363px;
  bottom: 1.5px;
  border-bottom: 2px solid #4b5927;
}

.tabBlock::after {
  content: "";
  width: 150px;
  position: absolute;
  bottom: 1.5px;
  right: 363px;
  border-bottom: 2px solid #4b5927;
```

```
}

.tab {
  width: 170px;
  text-align: center;
}

.tab img {
  display: inline;
}

.tab.active {
  @apply border-b-0 border-2;
  z-index: 10;
  border-bottom: 2px solid #fff;
}

.tab.active img {
  display: inline;
}
</style>
```

▲ 程 8-49

說明：

1. 在 ul 上定義一個 tabBlock 的 class，主要是要做延伸的線條，使用偽元素。偽元素的用法就是把自己當作主元素，並且透過 ::before 以及 ::after 的屬性增加自身元素的延伸性，是相當好用的屬性。這邊的偽元素是為了延伸分類項目的底線長度。

2. 在 li 上建立一個 tab 的 class，主要是給予分類項目點擊時所要動態產生的 .active 的 class，可以看到 .tab.active 裡面有 Tailwind CSS 與純 CSS 的組合。

透過 Tailwind CSS 主要的樣式開發，再透過手刻 CSS 輔助，除了可以增加樣式的豐富度外，更可以快速地建構出想要的 layout。

這個分類項目按鈕一定有兩到三種的開發方式，除了目前提供的版本外，也鼓勵讀者嘗試使用不同的撰寫方式開發喔！

8.3.6 開發景點頁面

8.3.6.1 搜尋列表與熱門快搜標籤

完成分類標籤，以及路由設定後，先來進行景點頁面的開發，先開發景觀的搜尋列表，直接來看程式碼。

★ template

```
<div class="flex justify-center items-center">
    <input type="text" placeholder="輸入搜尋關鍵字"
           class="w-locationInputW px-4 py-2 mr-5 text-sm text-primaryDark bg-search
                  rounded-md outline-none focus:ring-2"/>
    <button v-for="(item, index) in searchBtn" :key="item.name"
            @click="btnClick(item.name)"
            class="flex items-center px-4 py-1 mx-1 rounded-md border border-primary
                   text-primaryDark font-SourceHanSerifTC hover:bg-search duration-300">
            <img :src="item.img" :alt="index" class="pr-2" />
            <span> {{ item.text }} </span>
    </button>
</div>
```

▲ 程 8-50

說明：

1. 此處搜尋列與按鈕為垂直置中對齊，故使用一個最外層的區塊元素設定裡面元素的對齊屬性。
2. 搜尋列表占比空間比較大，按鈕比較小，這邊有看到搜尋列的寬度單位比較不同，這邊是自定義的寬度，會重複使用的可以定義在 tailwind.config.js 檔案中，之後要使用只需要輸入名稱就可以用囉！
3. 按鈕因有重複一個以上，故建立陣列資料，透過 v-for 在模板上跑迴圈，將資料按鈕的資料渲染在畫面顯示，並且把樣式也寫好。

4. 在按鈕上加上 click 事件，並帶入資料的 name，屆時在點擊時就可以進而判斷按鈕點到哪一個資料。實務上如果會打不同的 API ，會拆成兩個按鈕來寫，避免一個函式中執行兩個動作。

★script

```
data() {
    return {
      searchBtn: [
        {
          img: require("../assets/source/location/search.png"),
          name: "search",
          text: "搜尋",
        },
        {
          img: require("../assets/source/location/filter.png"),
          name: "filter",
          text: "篩選",
        },
      ],
    },
},
```

▲ 程 8-51

再來跟搜尋列表看起來視覺一致的是熱門快搜標籤，架構看起來很單純，有發現嗎？也是重複出現的元素，所以一定要想到 v-for 來跑迴圈，將資料渲染在畫面上，馬上來看程式碼。

★template

```
<div class="w-full mt-10 border-dotted border-t-2 border-b-2 border-primary py-3">
    <div class="flex justify-center items-center">
        <span class="text-gray">熱門快搜：</span>
        <ul class="flex items-center">
            <li v-for="(item, index) in tagList" :key="index"
                class="font-SourceHanSerifTC text-primaryDark border border-primary
                       rounded-full py-2 px-6 mx-2 hover:bg-search duration-300
                       cursor-pointer">
                {{ item }}
            </li>
        </ul>
    </div>
</div>
```

▲ 程 8-52

說明：

1. 上下兩條虛線，是在 border 線條中可以選取 dotted 的樣式，因為 border 本身會把區塊四邊都建立框線，故這邊只要上下有框線即可，使用 border-t-2 以及 border-b-2 即可完成。

2. 而剛剛有提到在 li 中使用 v-for 渲染元素在畫面上，並加上 cursor-pointer 的提示，讓使用者滑鼠移動到此標籤時，會呈現手指圖案，表示可以點擊，並給予 hover 效果，讓使用者體驗更好。

★script

```
tagList: ["櫻花", "司馬庫斯", "露營", "賞花", "祭典與節慶", "謐靜賞花"],
```

▲ 程 8-53

資料部分很簡單，因為是純顯示，這邊就用一個陣列做顯示即可。

此時來看一下畫面，就會得到搜尋列表以及熱門快搜標籤的成品喔！

▲ 圖 8-46

8.3.6.2 月曆與景點形象宣傳

▲ 圖 8-47

會將這個區塊放在一起呈現的原因，是看起來為一組的視覺，又可以將此區塊可以分成兩個部分，上方日曆與下方形象景觀宣傳。

首先先看上方日曆部分，左邊為圖片，右邊為日曆，並且會顯示當日的日期與天氣資訊以及出遊提醒，這設計會日人會心一笑。

先來看日曆的程式碼：

★ template

```
<div class="w-full flex justify-center mt-10">
     <div class="w-3/4">
          <img src="../assets/images/location_01.jpg" alt="location" />
     </div>
     <div class="w-1/4 ml-16">
          <div class="flex justify-between items-center">
               <p class="text-xl text-text font-SourceHanSerifTC">
                  一月 <span class="pr-5"></span> January
               </p>
               <div class="flex items-center">
                    <img class="mr-5" src="../assets/source/location/24°C.png"
                         alt="temperature"/>
                    <img src="../assets/source/location/sun.png" alt="weather" />
              </div>
          </div>
          <div class="mt-3 h-4 bg-text"></div>
          <div class="mt-2 border-text border"></div>
          <div class="mt-4 h-calendar border-l border-b border-text">
               <img src="../assets/source/location/calendar.jpg" alt="calendar" />
          </div>
     </div>
</div>
```

▲ 程 8-54

說明：

1. 主要把這個區塊分成 3/4 跟 1/4 兩個部分，並且橫向排列。
2. 風景照匯入圖片，這很簡單，不多做說明。
3. 日曆部分值得一提的是在月份下方的線條，這個實作有兩種以上的方法，這邊是用區塊元素做出一個高度，並且填入背景色。

4. 下方細線直接只用邊框線處理。
5. 日曆旁邊的線條，剛剛在熱門快搜也有實作類似的概念。
6. 日曆本身用圖片匯入，但實際上可以使用 JavaScript 的 new Date() 來做月曆，或是時間套件，或是直接串接中央氣象局的 API 可以完整表示每日天氣狀況，出遊提醒會是由後端傳過來的資料作呈現，這部分可以交給讀者嘗試看看喔！

形象宣傳的區塊，版型較特別，有突破背景的設計，此時第一個時間想到的是用絕對定位，當然還有其他作法，這邊就用絕對定位的方式來開發。

★template

```
<div class="w-full mt-10 h-52 bg-search relative">
    <div class="text-left absolute bottom-5 left-5">
        <p class="text-3xl font-bold text-primaryDark">賞櫻</p>
        <p class="text-3xl font-bold text-primaryDark">好去處</p>
    </div>
    <div class="w-5 h-40 bg-primary absolute top-5 left-52"></div>
    <p class="text-gray font-bold absolute top-8 left-64">
     田寮「月世界」特殊景觀在地理學稱為「惡地」，經年累月由雨、河水侵蝕，將泥沙堆積在泥岩上，泥沙與泥岩混合
經由風化形成。
    </p>
    <ul class="flex items-center absolute -bottom-10 right-16">
        <li class="mr-3" v-for="item in infoImg" :key="item.name">
            <img class="w-infoImgW h-infoImgH rounded-infoImgRounded object-cover
                    shadow-md shadow-gray-500" :src="item.img" :alt="item.name"/>
        </li>
    </ul>
</div>
```

▲ 程 8-55

圖片部分因有多筆，可建立資料在 template 跑迴圈。

★script

```
infoImg: [
  {
    name: "sakura01",
    img: require("../assets/images/sakura_01.jpg"),
  },
  {
    name: "sakura02",
    img: require("../assets/images/sakura_02.jpg"),
  },
],
```

▲ 程 8-56

因會使用絕對定位，所以此區塊的元素都使用此方式來排版。

說明：

1. 在最外層定義好空間與背景顏色後，在這邊使用相對定位，以便內層元素可用絕對定位來對應此區塊。
2. 分成標題、分隔線與圖片。
3. 標題區塊滿單純的，也就是把標題的文字透過絕對定位的向左與向下的定位，就可以完成此區塊呈現。
4. 分隔線這邊使用一個區塊元素並且把樣式寫好，再透過絕對定位的向上與向左做適當的推擠。
5. 說明文字部分就直接貼上即可，唯一不使用絕對定位的區塊，並把樣式寫好。
6. 圖片部分是水平對齊加上絕對定位，因為有兩個，故這邊是使用列表的方式來作呈現，當然還有其他的排版方式。

7. 透過迴圈的方式來渲染圖片，也把要呈現圖片的外框寫好，圖片只要透過迴圈的方式填滿此外框元素即可。

8. 最後在圖片下方加上陰影，就完成囉！

8.2.5.3 精選景點區塊

這邊可以看到是九宮格呈現的樣式，並於上方搭配兩個選單與收藏名單按鈕，看似複雜的排版，可以透過 Vue 語法把 template 變得很簡單。

★ template

```
<div class="w-full mt-20">
      <p class="text-black text-sm font-bold text-left py-4">共有 203 處景點......</p>
      <div class="bg-search p-4 flex justify-between">
           <div class="flex items-center">
                <div v-for="item in listSelect" :key="item.text">
                     <p class="text-footerBg font-bold px-4 py-2 bg-white flex items-center
                              border border-borderColor">
                     {{ item.text }}
                        <span class="flex-col pl-2">
                              <img :src="item.up" :alt="item.name" />
                              <img :src="item.down" :alt="item.down" />
                        </span>
                      </p>
                </div>
           </div>

           <div class="flex items-center">
                <p class="text-footerBg font-bold px-4 py-2 bg-white border-borderColor
                         border rounded-md cursor-pointer">
                   <i class="fa-solid fa-heart text-footerBg pr-2"></i>收藏名單
                </p>
           </div>
      </div>
</div>
```

▲ 程 8-57

前提是資料結構也要很明確才能讓模板可以對接相應的資料。

```
listSelect: [
    {
        text: "精選推薦",
        name: "up",
        up: require("../assets/source/location/arrow-up.png"),
        down: require("../assets/source/location/arrow-down.png"),
    },
    {
        text: "熱門瀏覽",
        name: "down",
        up: require("../assets/source/location/arrow-up.png"),
        down: require("../assets/source/location/arrow-down.png"),
    },
],
```

▲ 程 8-58

此頁面最複雜的九宮格景點區塊，這部分使用了前面幾個區塊的綜合技巧，此時真的要說拜前端框架所賜，讓原本很複雜的頁面也變得容易開發。

可以看到此頁面是九宮格，代表有九個列表來跑，並且會在第三個列表時斷行。

這邊先來看一下資料結構，因九個資料結構相同，故用第一筆來說明，分成圖片、標題、評價星號、介紹內容：

★script

```
locations: [
        {
          img: require("../assets/images/location_02.jpg"),
          title: "阿妹茶樓",
          stars: [
            {
              icon: require("../assets/source/location/star-solid.png"),
              checked: true,
            },
            {
              icon: require("../assets/source/location/star-solid.png"),
              checked: true,
            },
            {
              icon: require("../assets/source/location/star-solid.png"),
              checked: true,
            },
            {
              icon: require("../assets/source/location/star.png"),
              checked: false,
            },
            {
              icon: require("../assets/source/location/star.png"),
              checked: false,
            },
          ],
          content:
            "田寮「月世界」特殊景觀在地理學稱為「惡地」，經年累月由雨、河水侵蝕，將泥沙堆積在泥岩上，泥沙與泥岩
混合經由風化形成。",
        },
//...其他八筆資料與上方相同只是內容不同
]
```

▲ 程 8-59

除了資料結構要好串接外，template 的架構也是很重要的一環，來看 template 怎麼寫，

★template

```
<div class="w-full mt-5">
    <ul class="flex flex-wrap">
        <li class="locationList relative"
            v-for="(item, index) in locations" :key="index">
            <img class="absolute top-2 right-2 z-10 opacity-60"
                src="../assets/source/location/heart.png" alt="heart"/>
            <img class="w-full h-locationImgH object-cover" :src="item.img" :alt="index"/>

            <div class="flex justify-between items-center">
                <h4 class="font-bold text-text">{{ item.title }}</h4>

                <ul class="flex items-center">
                    <li class="py-4" v-for="(item, index) in item.stars" :key="index">
                        <img :src="item.icon" :alt="index" />
                    </li>
                </ul>
            </div>
            <p class="text-left text-bannerDesc">{{ item.content }}</p>
        </li>
    </ul>
</div>
```

▲ 程 8-60

Tailwind CSS 基本上可以解決大部分的情境，但有些細節有時候靠傳統的 CSS 還是很好用的，這邊在第一層的 li 因為要做三欄呈現，加上一個規律是第一行跟第三行都要貼其寬度，但如果透過 Tailwind 直接設定，又無法得到想要的結果時，CSS3 的選取器就相當好用了。

在第一層 li 給予一個 class 名稱為 locationList，給予樣式與屬性。

★style

```
.locationList {
  width: 31.3333%;
  margin: 0 2% 3% 1%;
}

.locationList:nth-child(3n + 1) {
  margin-left: 0;
}

.locationList:nth-child(3n + 3) {
  margin-right: 0;
}
```

▲ 程 8-61

說明：

1. 因為有三欄，所以先把綁定在 li 上的 .locationList 的寬度分成三份，使用百分比做區分，可以在任一裝置是都會是三等份，並且給予左右間距各 1%，三份的寬度要扣掉左右推擠的寬度，所以要變成 31.33333%。

2. 使用 :nth-child() 偽類選取器，此選取器的使用方式可以參考此篇鐵人賽 https://ithelp.ithome.com.tw/articles/10227216 有詳細的介紹，這邊就不說明其原理用法，簡單來說這是只認順序的 CSS 選取器，能夠方便不透過 JS 控制 DOM 元素，就可以透過選取器把效果渲染在畫面上，既然這次在討論 CSS 框架，當然要搭配 CSS 選取器達到想要的效果囉！此選取器可以運算想要的元素，以這次實作來說，想要把畫面上第一個跟第三個、第四個跟第六個以及第七個跟第九個都要貼齊左右邊時，就要算一下數學，那這邊我用一個比較簡單的算法，針對第一個跟第三個的倍數個別去做左右 margin 的歸零，讓這些 li 的左（右）邊推擠空間為 0，這樣就達到我要效果。

3. 然而因為我扣掉了第一個跟第三個倍數的空間，所以在 .locationList，要把這個空間加回去，不然會看起不對齊。

這個選取器滿好玩的，在樣式上可以做很多很多的事情，有興趣的朋友可以研究跟實作看看。完成圖如下：

▲ 圖 8-48

8.3.6.4 分頁製作

分頁這個比較簡單，大多會去找套件做，這邊既然是切版，就做一個示意的概念即可。

★ template

```
<ul class="flex justify-center items-center my-20">
    <img src="../assets/source/location/arrow-left-muti.svg"
         alt="arrow-left-multi"/>
    <img class="transform rotate-180 px-4"
         src="../assets/source/home/angle-right.png"
         alt="arrow-right"/>
    <li class="flex items-center px-5"  :class="{ checked: item.checked }"
        v-for="(item, index) in pagination" :key="index">
        <p>{{ item.page }}</p>
    </li>
    <img class="px-4"
      src="../assets/source/home/angle-right.png"
      alt="arrow-right"/>
    <img
      src="../assets/source/location/arrow-right-muti.svg"
      alt="arrow-right-multi"/>
</ul>
```

▲ 程 8-62

說明：

1. 這邊有做一個動態產生的按鈕效果，判斷內容在資料中如果 check 的條件是 true 的時候，就會顯示點選該分頁的背景顏色。

2. 因為網前後多頁與前後單頁的按鈕，若使用套件會有呈現的預設值，大多會專注在怎麼分頁的實作，因為會牽扯較多與 CSS 無關的內容，這邊就不多做說明。有興趣者可以延伸了解伺服器渲染與用戶端渲染的知識。

分頁的資料很單純，如下方所示。

★script

```
pagination: [
    {
       page: "1",
       checked: true,
    },
    {
       page: "2",
       checked: false,
    },
    {
       page: "3",
       checked: false,
    },
    {
       page: "...",
       checked: false,
    },
],
```

▲ 程 8-63

這樣就完成了分頁效果，來看一下完成後的畫面：

▲ 圖 8-49

8.3.6.5 熱門景點頁面

來到景觀最後一個區塊，是一個單純的熱門景點的多張圖片，有發現設計中照片與背景有不等寬且交疊的效果，這邊第一時間想到的一樣是絕對定位來開發，程式碼如下：

★template

```
<div class="relative mt-28 ">
    <div class="w-hotLocationBgW h-hotLocationBgH bg-primaryLight
            p-4 mx-auto">
        <p class="text-lg font-bold p-2 text-left">熱門景點</p>
        <ul class="w-full flex items-center absolute top-16 left-0">
            <li v-for="item in hotLocation" :key="item.name"
                class="mx-2 w-hotLocationImgW hotLocationImg relative">
                <img :src="item.img" :alt="item.name"
                    class="w-full h-hotLocationImgH object-cover"/>
            </li>
        </ul>
    </div>
    <div class="bg-footerBg w-60 h-10 absolute -top-3 left-0 bar"></div>
</div>
```

▲ 程 8-64

說明：

1. 在最外層先定義一個相對定位，要讓內層元素做絕對定位使用。
2. 因為要做絕對定位，所以背景的寬度不會按照圖片元素區塊作推擠，這邊給予自定義的寬跟高，.w-hotLocationBgW 跟 .h-hotLocationBgH，寬跟高的數值寫在 tailwind.config.js 中。
3. 圖片部分使用 ul li 的元素製作，在 ul 上做絕對定位去完成跟設計稿相符的排版位置。
4. 在 li 用 v-for 跑迴圈，將圖片選染在畫面上。
5. 深色長方形在整個背景的最後方，也就是壓在下層，實作中發現因為寫了絕對定位，無法直接用 Tailwind CSS 的 -z-10 類別調整元素順序，故使用 CSS 手動將此元素移至最下方的順序。

★style

```
.bar {
  z-index: -10;
}
```

▲ 程 8-65

以上就完成了景觀頁面的所有內容！

景觀頁面範例程式碼：

https://github.com/hsuchihting/travel/blob/master/travel-vue/src/views/Location.vue

8.3.7 開發美食頁面

▲ 圖 8-50

美食頁面一開始出現一張 banner，但在圖片下方有數個白色小點，一看就知道這是一個輪播功能，此時馬上聯想到強大的輪播工具 Swiper，此輪播套件支援多數的前端框架，且不斷地在更新，是輪播功能的值得選擇的開源工具，這邊選擇支援 Vue 的 Swiper，並輸入指令安裝：

```
npm i swiper
```

▲ 程 8-66

安裝完後在官方文件的 Demo 裡面找到跟設計稿一樣的 Pagination 樣式，並打開有 Vue 的標籤來看範例程式碼是如何使用。

Pagination

Open in new window　Core　React　Vue　Angular　Svelte

Slide 1

▲ 圖 8-51

官方提供的 DEMO：https://codesandbox.io/s/uk8jtt?file=/src/App.vue

參考完後就套到專案來使用看看，首先引入相關必要的樣式與功能：

★script

```
import { Swiper, SwiperSlide } from "swiper/vue/swiper-vue";
import { Pagination, Autoplay, EffectFade } from "swiper";
import "swiper/swiper.min.css";

export default {
  name: "Food",
  components: {
    Swiper,
    SwiperSlide,
  },
  data() {
    return {
      modules: [Pagination, Autoplay, EffectFade],
      autoplayOptions: {
        delay: 2000,
        loop: true,
      },
      banner: [
        {
          img: require("../assets/images/food_banner_01.jpg"),
        },
        {
          img: require("../assets/images/food_buy_04.jpg"),
        },
        {
          img: require("../assets/images/food_category_04.jpg"),
        },
        {
          img: require("../assets/images/food_category_05.jpg"),
        },
        {
          img: require("../assets/images/food_hot_02.jpg"),
        },
      ],
    };
  },
};
</script>
```

▲ 程 8-67

引入 Swiper 套件時要注意 node_module 的路徑是否正確，官方範例給予的是一個「範例」，若直接複製貼上，會跳錯誤訊息，筆者在這邊找了很久的原因，最後竟然是在引入的路徑時錯誤。

再來在 Template 上寫入 Swiper 套件內容以及在要呈現圖片的地方使用 v-for 把圖片一一渲染在網頁上。

★ template

```
<Swiper
    :slides-per-view="1"
    :space-between="50"
    :modules="modules"
    :pagination="{ clickable: true }"
    :autoplay="autoplayOptions"
    effect="fade"
  >
    <SwiperSlide v-for="(item, index) in banner" :key="index">
      <img :src="item.img" :alt="index" />
    </SwiperSlide>

    <div class="swiper-pagination"></div>
</Swiper>
```

▲ 程 8-68

剛剛在 script 中有引入 component 的屬性，裡面有 Swiper 跟 SwiperSlide 兩個主元件，把要帶入的參數寫在 Swiper 標籤中，並且對應的設定可以寫在 template 上或是 script 中，沒有一定要寫在哪裡，就看什麼樣的方式在專案是易讀，協作方便即可。

此次練習加上的效果是每頁跑一張圖片，圖片間格為 50，模組使用分頁及自動播放和漸變效果，

★style

```
.swiper {
  width: 100%;
  height: 425px;
}
.swiper-slide img {
  width: 100%;
  object-fit: cover;
  height: 100%;
}
```

▲ 程 8-69

Swiper 是輪播功能很好用的工具，並且也支援響應式，原始版本就很好用，雖然 npm 可以找到很多包裝過後的套件，雖然看似好用，但耦合性高，可能還有升級版本的問題，套件原本就已經設計可以直接使用，或是搭配框架使用，沒有必要再去安裝包裝過後的套件，屆時維護可能會因為搶開發時間快速完成，但後續維護會非常辛苦的，這樣就得不償失了，以上僅為筆者個人的小小建議與心得。

更多好用的 API 可以參考官網說明。Swiper 連結：https://swiperjs.com/vue

8.3.7.1 美食分類標籤與美食形象宣傳

美食分類標籤與美食形象宣傳似乎跟景觀的分類與行性宣傳相同，只是換圖片跟文字而已，這邊就直接做文字與素材中的替換，開發方式可以參考 8.3.6.1 的熱門快搜標籤以及 8.3.6.2 景點形象宣傳部分，開發到此會發現網站會開始有共同元件出現，後續優化可以嘗試拆分出共用元件，只要架構不變，就可以當作子元件引入在各頁的 template 中，並使用 props 的方式將資料傳入共用元件，就可以直接渲染出畫面囉！

▲ 圖 8-52

8.3.7.2 各類美食集錦圖

▲ 圖 8-53

再來要來切這個美食集錦區塊，可以觀察到架構為上下相同卻是左右相反的佈局，並且小格的圖片會在滑鼠經過或點擊時有遮罩及文字的呈現。因為是是上下相同，左右相反，故先看上面的區塊。

```
<div class="flex items-center">
     <ul class="w-1/2 flex items-center mr-2">
          <li class="w-1/3 h-96 mr-2 overflow-hidden cursor-pointer relative foodList"
               v-for="(item, index) in foodIntroductionList" :key="index">
               <img class="w-full h-full object-cover" :src="item.img" :alt="item.name"/>
               <p class="absolute inset-0 flex justify-center items-end bg-gradient-to-t
                         from-black to-transparent hover:text-white hover:text-2xl
                         opacity-0 hover:opacity-100 duration-300 pb-5">
                  {{ item.name }}
               </p>
          </li>
     </ul>
     <div class="w-1/2 h-96">
          <img class="w-full h-full object-cover"
               src="../assets/images/food_category_04.jpg" alt=""/>
     </div>
</div>
```

▲ 程 8-70

說明：

1. 此區塊有兩個水平對齊的內容，各佔一半的容器，左邊的容器向右推擠出空間，讓之後圖片之間有間隔。
2. 左邊區塊又分成三小塊，使用 ul li 各三分之一的寬度，高度參考設計稿的高度，故此區塊高度統一。
3. 在 li 跑迴圈將圖片逐一放進 img 標籤中，圖片設定為寬高皆滿版，並且使用圖片好朋友 object-cover 填滿空間且不變形。
4. 將相對定位寫在 li，文字部分使用絕對定位，上下左右距離為 0，佔滿整個畫面，文字定位在下方，且左右佔滿空間，滑鼠移動過去時使背景可以由下到上為黑色到透明的漸層效果，這邊使用透明度

opacity 的屬性，一開始設定透明度為 0，使文字元素變透明，當滑鼠移動過去時透明度為 100，顯示文字與漸層背景。

5. 右側大圖區塊較單純，只讓圖片填滿整個區塊就可以了。

下方區塊做法相同，只是左右顛倒，也就是把圖片往上移動在 ul li 的程式碼上方即可。

8.3.7.3 美食介紹區塊

▲ 圖 8-54

剛剛完成了圖片集錦，看到這個區塊的呈現是否有似曾相識的感覺，聰明如你一定已經想到了，沒錯，切了這麼多區塊，相信您已經會舉一反三了，觀察得出來也是上下相同的佈局，只是左右顛倒，不囉嗦馬上來看上面的區塊，下方的區塊也是類似的切版方式！

```
<div class="w-3/4 h-96 mt-40 relative">
    <img class="w-full h-full object-cover"
    src="../assets/images/food_hot_01_transform.jpg" alt=""/>
    <div class="absolute -right-72 bottom-10 shadow-md shadow-black w-96 p-6
               text-left bg-white bg-opacity-70">
        <p class="text-primaryDark pb-10">正宗義大利 真材實料</p>
        <p class="text-4xl text-primaryDark pb-4">23 號街角</p>
        <p class="text-primaryDark">好友相聚聚餐必選之地</p>
    </div>
</div>
```

▲ 程 8-71

說明：

1. 寬度設定為畫面的四分之三，並給予相對定位於最外層，要給文字框做絕對定位用。
2. 圖片一樣寬高設定為 100%，使用 object-cover 使圖片佔滿不變形。
3. 文字框內有三個文字，最外面使用一個區塊元素把文字放在一起，並使之做絕對定位使用。
4. 三行文字按照設計稿的樣式設定即可。
5. 文字框最後加入陰影，便完成其效果，細節可依照設計稿與個人喜好微調。

以此類推，下方是左右相反的區塊，與剛剛的美食集錦的概念相同，只要做相反的方式即可，記得要把絕對定位的 right 改成 left 以外，定位的距離也記得要調整喔！

8.3.7.4 購買分類區

▲ 圖 8-55

來到美食分頁的最後一個區塊，購買分類的列表，架構看起來簡單，有做一個小互動，在滑鼠經過圖片下方時，會出現該圖片的分類名稱，來看看怎麼做：

```
<h3 class="text-4xl py-8 text-primaryDark font-bold">買東西、吃東西、買東西、吃東西</h3>
<p class="text-lg text-primaryDark mb-8">伴手禮、小吃不錯過</p>
<ul class="flex items-center">
    <li class="mx-2 w-1/4 h-80 overflow-hidden cursor-pointer relative"
        v-for="(item, index) in buyList" :key="index">
        <img class="w-full h-full object-cover" :src="item.img" :alt="item.key"/>
        <p class="absolute inset-x-0 bottom-0 flex justify-center items-end opacity-0
                 hover:opacity-100 hover:text-white hover:bg-black bg-opacity-0
                 hover:bg-opacity-50 py-4 duration-300">{{ item.name }}</p>
    </li>
</ul>
```

▲ 程 8-72

說明：

1. 標題與副標題依照樣式將對應的屬性完成即可。
2. 列表部分是水平對齊，因為有四個項目，故 li 部分寬度使用四分之一來做寬度的分配，高度參考設計來設定。

3. 有重複出現的內容，都是用迴圈去渲染畫面。

4. 圖片一樣寬高設定為滿版，並使用 object-cover ，並填滿整個圖片。

5. 文字部分有做互動效果，因為是出現在圖片的下方，加上目前圖片高度有固定，故可以使用絕對定位來呈現互動效果。

6. 將相對定位寫在 li 上，在 p 上面做絕對定位，因為要定位在圖片下方，使用 insert-x-0 使左右撐開，bottom-0，使文字定位在圖片下方，一樣使用透明度來控制文字與背景色顯示效果，加上 duration-{ 毫秒 } 來做漸變效果。

以上就完成美食分頁的內容，跟景觀分頁有點不同的 layout，但開始出現重複的元件囉！

美食分頁程式碼：https://github.com/hsuchihting/travel/blob/master/travel-vue/src/views/Food.vue

8.3.8 開發住宿頁面

8.3.8.1 Banner 與熱門快搜列表

▲ 圖 8-56

進入住宿頁面會看到一張 banner 以及熱門快搜列表，這邊的寫法很簡單，跟前幾頁的呈現都很雷同，所以可以參閱前面的程式碼做開發。

```
<!-- banner -->
<div class="w-full h-96 overflow-hidden">
    <img class="w-full h-full object-cover"
     src="../assets/images/hotel_banner_01.jpg" alt="hotel"/>
</div>

<!-- tag -->
<div class="mt-10 mx-auto border-dotted border-t-2 border-b-2 border-primary py-3">
    <div class="mx-auto flex justify-center items-center">
        <span class="text-gray">熱門快搜：</span>
            <ul class="flex items-center">
                <li v-for="(item, index) in tagList" :key="index"
                    class="tagList font-SourceHanSerifTC text-primaryDark
                           border border-primary rounded-full py-2 px-6 mx-2
                           hover:bg-search duration-300 cursor-pointer">
                    {{ item }}
                </li>
            </ul>
    </div>
</div>
```

▲ 程 8-73

說明：

1. Banner 圖片部分最外面給一個區塊元素，並定義好寬高，使用 overflow-hidden 把讓多餘的圖片隱藏。
2. 熱門快搜參照先前的做法，就不再贅述。

8.3.8.2 條件搜尋列

▲ 圖 8-57

這邊的搜尋列表看起來跟景觀景觀的有點像，但又不太一樣，差別在前面變成有三欄可以選擇條件的文字框，看一下這邊怎麼寫。

```
<div class="w-hotelWidth mx-auto flex items-center mt-10">
    <p class="text-footerBg font-bold px-4 py-2 bg-white flex items-center
            border border-borderColor"
      v-for="item in listSelect" :key="item.text" >
      {{ item.text }}
      <img class="pl-2" :src="item.calendar" :alt="item.name"
          v-if="item.calendar"/>
      <span class="flex-col pl-2" v-else>
            <img :src="item.up" :alt="item.name" />
            <img :src="item.down" :alt="item.down" />
      </span>
    </p>

    <div class="flex ml-auto items-center">
        <button v-for="(item, index) in searchBtn" :key="item.name"
                @click="btnClick(item.name)"
                class="flex items-center px-4 py-2 mx-1 rounded-md border
                       border-primary text-primaryDark font-SourceHanSerifTC
                       hover:bg-search duration-300">
                <img :src="item.img" :alt="index" class="pr-2" />
                <span> {{ item.text }} </span>
        </button>
    </div>
</div>
```

▲ 程 8-74

說明：

1. 最外層給一個區塊元素，並給予定義好的寬度，使用 mx-auto 左右置中，使裡面的元素水平對齊。

2. 文字框的部分三個內容幾乎重複，只有中間的圖案是月曆，所以這邊使用 v-if 跟 v-else 判斷不同的 tamplate，如果有月曆圖示的就顯示月曆的欄位，沒有就顯示另外上下箭頭的欄位，這樣就完成這邊有不同圖示的呈現。

3. 下方防疫提示是單純的文字排列，

```
<div class="w-hotelWidth mt-10 mx-auto flex items-center px-8 py-4 border border-primary">
    <div class="w-4 h-4 border flex justify-center items-center border-red-600
            rounded-full">
        <i class="fa-solid fa-exclamation text-red-600 fa-xs"></i>
    </div>
    <span class="text-text px-2">在出發之前，請查看最新的新冠肺炎（COVID-19）相關限制。</span>
    <span class="text-xs text-blue-400 cursor-pointer">了解更多</span>
</div>
```

▲ 程 8-75

說明：

1. 給予定義好的寬度，並且設定外框與顏色，還有內推的間距。

2. 使用 Font Awesome 的驚嘆號圖示，並在外面做一個圓型的紅框，做法為在 驚嘆號外包一個區塊元素，並且設定好寬度跟高度，外框線粗細與顏色，使用 rounded-full 可使外框變成圓型，並使驚嘆號水平垂直置中。

3. 裡面的三串文字就使用外層區塊元素定義好水平對齊。

8.3.8.2 熱門地區

▲ 圖 8-58

此區塊可參考旅遊地點推薦區塊，對於此區塊是否有熟悉的感覺嗎？

沒錯，在景點頁面已經做過了，故可以將景點的 layout 搬過來直接套用，並且修改成跟設計稿一樣的文字以及圖片即可，此區寫法可參考 8.3.6.5 熱門景點頁面。

8.3.8.3 輕旅與民宿推薦區塊

▲ 圖 8-59

這兩個雖然是不同區塊，但發現 layout 是相同的，所以一個版面若做好了，相對另一個就可以換圖片跟更換資訊即可，以輕旅舉例。

```
<div class="w-travelWidth mx-auto mt-32">
    <h3 class="text-primaryDark text-3xl py-4">人氣輕旅、背包客類型住宿</h3>
    <p class="text-lg text-text">小資族首選，CP值最高背包客房推薦</p>
    <ul class="flex justify-center items-center mt-5">
        <li class="locationList relative border border-primary"
            v-for="(item, index) in bagTraveler" :key="index">
            <img class="w-full h-locationImgH object-cover"
                :src="item.img" :alt="index"/>
            <img class="absolute top-40 right-2 opacity-60"
                src="../assets/source/location/heart.png" alt="heart"/>
            <div class="p-4">
                <div class="flex justify-between items-center">
                    <h4 class="font-bold text-text text-left">{{ item.title }}</h4>
                    <span class="text-black font-bold">{{ item.price }}</span>
                </div>
                <div class="flex items-center mt-14">
                    <ul class="flex">
                        <li v-for="(item, index) in item.stars" :key="index">
                            <img :src="item.icon" :alt="index" />
                        </li>
                    </ul>
                    <p class="text-left text-bannerDesc pl-4">{{ item.content }}</p>
                    <div class="ml-auto">
                         <i class="fa-solid fa-location-dot text-primary"></i>
                         <span class="text-primary pl-2">{{ item.location }}</span>
                    </div>
                </div>
            </div>
        </li>
    </ul>
</div>
```

▲ 程 8-76

說明：

1. 給予此區塊自定義的寬度，並且使其居中。
2. 標題部分給予設計稿樣式即可。
3. 圖片部分因為有三欄，故使用 ul li 做列表排列，並且使其水平對齊。
4. 使用 .locationList 在景觀作排列九宮格時使用過，製邊也可以繼續套用，完成三欄圖片的呈現。
5. 資訊欄位比較不同，上方標題與價格，這邊是使用一個區塊元素做水平對齊外，還有讓元素左右對齊。

6. 星號參照景觀的樣式開發，使用迴圈將星星渲染在畫面上。

7. 評價文字使其置左，地點部分使用區塊元素包裝，並且使用 ml-auto 推擠左側寬度，讓元素直接靠右。

8.3.8.4 秘密優惠與熱門目的地

▲ 圖 8-60

秘密優惠區塊相對容易簡單，看一下程式碼。

```
<div class="w-full bg-search py-10 my-36">
     <div class="w-travelWidth mx-auto">
          <h3 class="text-3xl text-primaryDark text-left font-bold py-4">
              訂閱以查看秘密優惠
          </h3>
          <input type="text" class="border border-primary mr-4 w-hotelInputWidth p-3
                                focus:ring-2 outline-none"/>
          <button class="bg-footerBg text-white font-bold p-3 rounded-lg
                     hover:bg-primaryDark duration-300">
                  立即註冊
          </button>
     </div>
</div>
```

▲ 程 8-77

說明：

1. 最外層的區塊元素使寬度滿版，被景色使用設計稿的顏色。
2. 觀察到此區塊搜尋列比背景還要窄，並且與上方景點推薦寬度相同，故第二層再放一個區塊元素來定義搜尋欄位與按鈕整塊的寬度。
3. 搜尋框與按鈕在按照樣式寫好即可，這邊有做一點 focus 跟 hover 的互動效果。

熱門目的地區塊圖片與列表分成兩區塊，圖片與列表的寬度比例看起來是一比二，整體寬度跟搜尋框一樣，列表有重複的，所以直接想到用迴圈處理，程式碼如下：

```
<div class="w-travelWidth mx-auto flex items-center mt-20">
    <img class="w-1/3 h-96 object-cover"
        src="../assets/images/hotel_hot_goal.jpg" alt="goal"/>
    <div class="w-2/3 p-10">
        <h3 class="text-3xl font-bold text-primaryDark text-left mb-5">
            熱門目的地
        </h3>
        <ul class="flex flex-wrap">
            <li class="text-left w-1/5 pb-4 cursor-pointer"
                v-for="(item, index) in goal" :key="index">
                <h3 class="text-primaryDark py-2 font-bold">{{ item.country }}</h3>
                <p class="text-primary">{{ item.room }}</p>
            </li>
        </ul>
    </div>
</div>
```

▲ 程 8-78

說明：

1. 寬度定義跟上方搜尋列表相同。
2. 定義圖片為三分之一，列表為三分之二，圖片給予高度，使用 object-cover 填滿圖片又不變形，關於圖片已經重複實作多次，之後遇到此類型功能應該可以馬上想到喔！

3. 列表部分標題靠左，列表的 ul，使用 .flex-wrap 使 li 到定義的寬度時自動換行。
4. 列表 li 設定每筆寬度為五分之一，並跑迴圈渲染資料於畫面上，再給予樣式美化元素即可。

以上就完成住宿頁面囉！

範例程式碼：https://github.com/hsuchihting/travel/blob/master/travel-vue/src/views/Hotel.vue

8.4 小結

透過以上兩個實戰應該對 Tailwind CSS 有更多的認識，實戰練習主要是給讀者體驗 Tailwind CSS 在開發過程中的優勢與樂趣，每個功能與元件的寫法一定還有優化且更不同的方式，推薦可以多切幾次，讓自己更熟悉這個框架喔！

觀光旅遊網站完整程式碼：https://github.com/hsuchihting/travel/tree/master/travel-vue

09 Tailwind CSS 發展與未來

一個工具與框架的出現，就是解決目前世代開發所遇到的問題，而 Tailwind CSS 的出現開起前端切版的新視野，讓開發者可以專注在樣式的功能上，可以直覺反應這個區塊需要什麼樣式，減少了命名的時間，提高開發效率。編譯的過程只留下會使用到的 CSS，讓網頁渲染效率提升，在使用者體驗上一定是加分，尤其在 JIT 模式出現後，開發者體驗更是令人驚豔。過去沒有想到可以在 HTML 直接改變 CSS 的屬性值，達到直接渲染的效果。並且還能直接使用變數在 Tailwind CSS 上，這都是過去在 CSS 開發上比較沒有遇見的。

透過 Tailwind CSS 官方文件可以發現，開發團隊經常性的釋出教學影片以及更新動態，從部落格也看得出來整個框架更新速度也是相當頻繁，也有許多免費又好看的官方元件庫可以使用，當然付費可以使用更多。一次性的樣式，可以透過任意值的方式做定義，非常方便。Tailwind CSS 提出並實際落實相當多突破性的開發方式，而且持續更新中，非常值得期待與使用。

在多人協作上可以省去不同開發者的命名習慣，對於多人開發的大型專案無非是個好選擇，不然想命名真的是很辛苦的一件事情呢！本書撰寫時正巧遇到更新到 v3.1，官方釋出文件竟然可以在 tailwind.config.js 裡面寫判斷式，雖然實務上還沒有用過就是了，但代表高彈性的開發，是此框架的開發團隊的目標之一。

Tailwind CSS v3.2 版的更新，開發團隊也已經在構思，如何讓開發體驗上有更好的方式，非常推薦在 Side Project 或是新專案中導入，並試著開發看看，相信您一定可以體會到開發的樂趣。

最後，感謝閱讀到此章節的您，雖然本書僅介紹基本開發的元件以及基本的 Tailwind CSS 內容，但足以應付現階段開發所需要的技巧與方式，所有優化或更好的寫法，也都是從基礎開始的，不用想要馬上寫出漂亮的程式碼，雖然整本書著重推薦 Tailwind CSS 的優勢，但必須強調 CSS 的基本功還是非常重要，畢竟是 CSS 框架，所以是站在 CSS 的基礎上進行開發，若基本屬性不夠熟悉，建議還是先用手刻到熟悉後，再回來使用這個厲害的框架喔！

在實作範例中也看得到需要 Tailwind CSS 與手刻 CSS 同時使用的方式，本書所開發的方式只是其中一種，或許因應後端資料協作，會出現兩到四種以上不同的寫法，沒有哪一個寫法是最好，只有最適合在專案中的方式，易開發、好維護就是最好的方式了，前端的世界就是一直在變，保持一個開放的胸懷，擁抱變化，迎向未來，祝福大家 Happy coding and enjoy it ！